KB018329

그림과 이야기로 쉽게 배우는
소프트웨어와 코딩 첫걸음

그림과 이야기로 쉽게 배우는
소프트웨어와 코딩 첫걸음

1판 1쇄 펴냄 2017년 11월 20일
1판 3쇄 펴냄 2019년 5월 20일
2판 1쇄 펴냄 2020년 10월 30일
2판 2쇄 펴냄 2024년 1월 25일

글쓴이 김현정
그린이 조혜영

주간 김현숙 | **편집** 김주희, 이나연
디자인 이현정, 전미혜
마케팅 백국현(제작), 문윤기 | **관리** 오유나

펴낸곳 궁리출판 | **펴낸이** 이갑수

등록 1999년 3월 29일 제300-2004-162호
주소 10881 경기도 파주시 회동길 325-12
전화 031-955-9818 | **팩스** 031-955-9848
홈페이지 www.kungree.com | **전자우편** kungree@kungree.com
페이스북 /kungreepress | **트위터** @kungreepress
인스타그램 /kungree_press

ISBN 978-89-5820-686-6 03560

책값은 뒤표지에 있습니다.
파본은 구입하신 서점에서 바꾸어 드립니다.

그림과 이야기로 쉽게 배우는 소프트웨어와 코딩 첫걸음

김현정 글 · 조혜영 그림

궁리
KungRee

들어가며

세상 모든 만물의 이치는 우리 생활의 소소한 것들에서부터 시작되지만, 컴퓨터에 관한 책들은 늘 신세계 이야기인 것처럼 어렵게 느껴집니다. 딱딱한 전문 용어로만 가득 찬 컴퓨터 책을 읽어본 사람이라면 그 어려움에 압도당해 머릿속에 반짝이던 지적 호기심까지 책장과 함께 덮어버리며 스스로의 무지함을 탓했을지도 모릅니다. 설명이라는 것은 선생님의 수준이 아니라 학생의 수준에서 제공되어야 함에도 불구하고, 지금까지 학생들의 마음을 이해해주는 컴퓨터 책을 발견하기는 저 역시도 쉽지 않았습니다. 그래서 이 책을 쓰고자 마음먹었던 것 같습니다.

컴퓨터는 이제 우리 생활에 없어서는 안 될 필수품이 되었고, 어느덧 내 주위가 컴퓨터로 둘러싸이는 사물 인터넷의 시대가 되었습니다. 또한 하드웨어 기술력보다 소프트웨어 창의력으로 경쟁하는 시대가 오고 있습니다. 전 세계는 소프트웨어의 중요성을 알고 정부, 기업, 학교에서 투자를 아끼지 않고 있고, 국내에서도 소프트웨어 중심 교육을 펼치기 위해 노력하고 있지요.

컴퓨터는 고철 같아 보이는 하드웨어와 영혼을 불어넣는 소프트웨어, 그리고 이들을 소통하게 만드는 네트워크로 나눌 수 있습니다. 소프트웨어가 없는 컴퓨터는 고철과 같고, 인터넷에 연결되지 않은 컴퓨터는 고립된 오지 세계에서의 외로움만 남게 되지요. 소프트웨어가 중요하다고는 하지만, 하드웨어 없이는 소프트웨어도 무용지물입니다. 소프트웨어가 구동되는 하드웨어를 모르고서는 지식의 깊이를 더할 수 없기 때문이지요.

그래서 이 책에서 저는 우리 삶 속에 공기처럼 퍼져 있는 소프트웨어 이야기에 주안점을 두는 동시에 하드웨어와 네트워크의 큰 줄기까지 아우르며 49가지의 핵심 IT 이야기를 알기 쉽고 재미있게 풀어내고자 했습니다. 옛날 컴퓨터와 지금의 컴퓨터에 대한 이야기를 비롯하여, 오케스트라와 같은 컴퓨터 부품들의 사연, 운영체제 이름이 '윈도우'인 이유, 소프트웨어도 나이가 있다는 사실, 컴퓨터와 대화하기 위한 방법이 바로 '코딩'이라는 깨달음과 함께 '소프트웨어'가 여러분에게 더한층 친숙한 용어가 되길 바라봅니다.

나아가 최신 IT 기술의 흐름을 여러분과 공유하길 소망하며 이렇게 개정증보판을 준비하게 되었습니다. 이번 개정증보판에서는 인공지능, 빅데이터, 블록체인 등 주목해야 할 제4차 산업혁명 기술을 소개하고, 한 시대를 풍미했던 인터넷 익스플로러의 초라한 퇴장, 그리고 공인인증서에서 '공인'이라는 자격이 없어진 중요한 사건을 담았습니다. 또한 평창 올림픽과 함께 하늘을 멋지게 수놓았던 5G 이야기도 풀어내며, 독자 여러분과 더 새롭게 생각을 나누고자 노력했습니다.

무엇보다 이 책이 학교에서 정규교과로 소프트웨어 교육을 받는 초등/중학생, 뉴스와 광고에 수없이 등장하는 IT 용어 때문에 스트레스 받고 있는 어르신, 컴퓨터에 관심은 있지만 막연해서 두려운 독자들을 비롯하여, 소프트웨어를 시작하려는 모든 이들에게 도움을 줄 수 있는 책이 되면 좋겠습니다. 이 책 한 권으로 지식의 풍요를 다 누릴 수는 없겠지만, 삶을 깨어나게 하는 앎의 즐거움을 함께 공유해나가길 바랍니다.

2020년 10월

김현정

차례

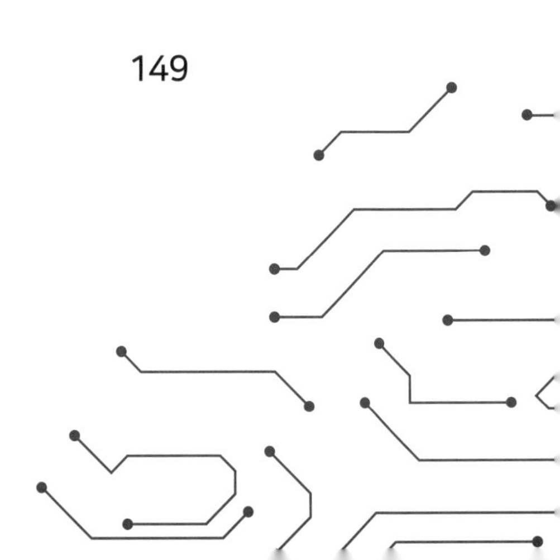

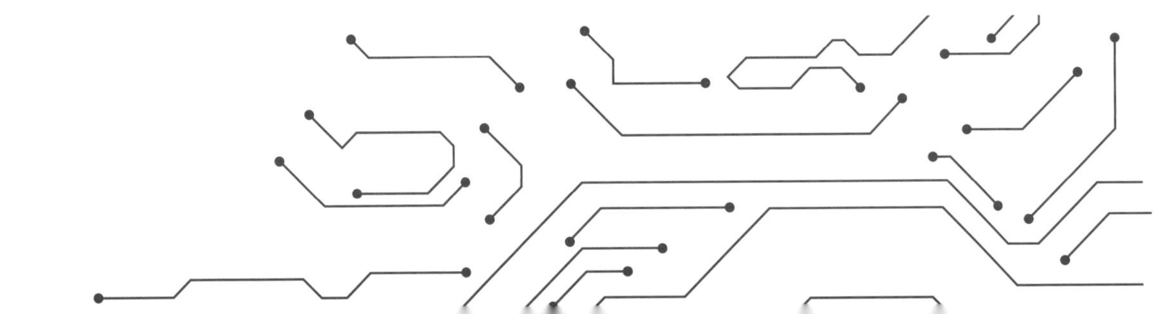

교과서 밖 컴퓨터 이야기

01

옛날 컴퓨터 이야기

제2차 세계대전이 발발한 1940년대는 과학기술의 연구가 활발했던 시기였어요. 적군이 발포한 미사일 궤도를 추적하고, 이를 예측하기 위한 기계가 필요했지요. 1946년 미국방부, 산업체, 대학교가 모여 새로운 장치를 발명했고, 이것이 바로 교과서에서 배웠던 애니악(ENIAC, Electronic Numerical Integrator And Computer) 컴퓨터입니다.

컴퓨터가 없었던 당시에는 미사일 궤도 계산에 하루나 이틀이 걸렸습니다. 누가 빨리 적의 움직임을 파악하느냐가 중요했던 시기에 애니악 컴퓨터의 발명으로 30초 만에 계산을 완료하는 대단한 결과를 얻게 되었지요. 이렇게 군사 목적으로 개발된 속도 빠른 계산기가 지금까지 발전하여 우리 생활에 없어서는 안 될 필수품이 되었답니다.

애니악 컴퓨터는 교실 세 곳을 채울 정도의 어마어마한 크기였습니다. 1만 9,000개의 진공관이 사용되었고, 무게는 30톤에

애니악 컴퓨터

달했다고 하는데요. 전력 소모도 심했다고 합니다. 애니악의 전원을 켜면 미국 필라델피아 지역의 가로등이 어두워질 정도였다고 하니 컴퓨터 한 대의 위력을 짐작하게 하지요.

우리는 컴퓨터로 인터넷도 하고, 그림도 그리고, 음악도 듣고, 게임도 즐깁니다. 정말 많은 일을 할 수 있는 컴퓨터를 보고 있노라면 '만능 기계'라는 단어가 떠오르지요. 오랜 세월 동안 발전을 거듭한 컴퓨터의 이름이 바뀔 만도 하지만, 계산기라는 의미는 잊힌 채 '컴퓨터'라는 이름을 여전히 사용하고 있습니다.

초기 컴퓨터는 연구소, 대기업 등의 규모가 있는 회사에서 사용되기 시작했어요. 개인들이 집에서 사용하기에 컴퓨터는 값이 매우 비쌌고, 사용하기도 어려웠지요. 그러던 1970년대 중반 일반인들도 사용할 수 있는 '개인용 컴퓨터'가 판매되기 시작합니다.

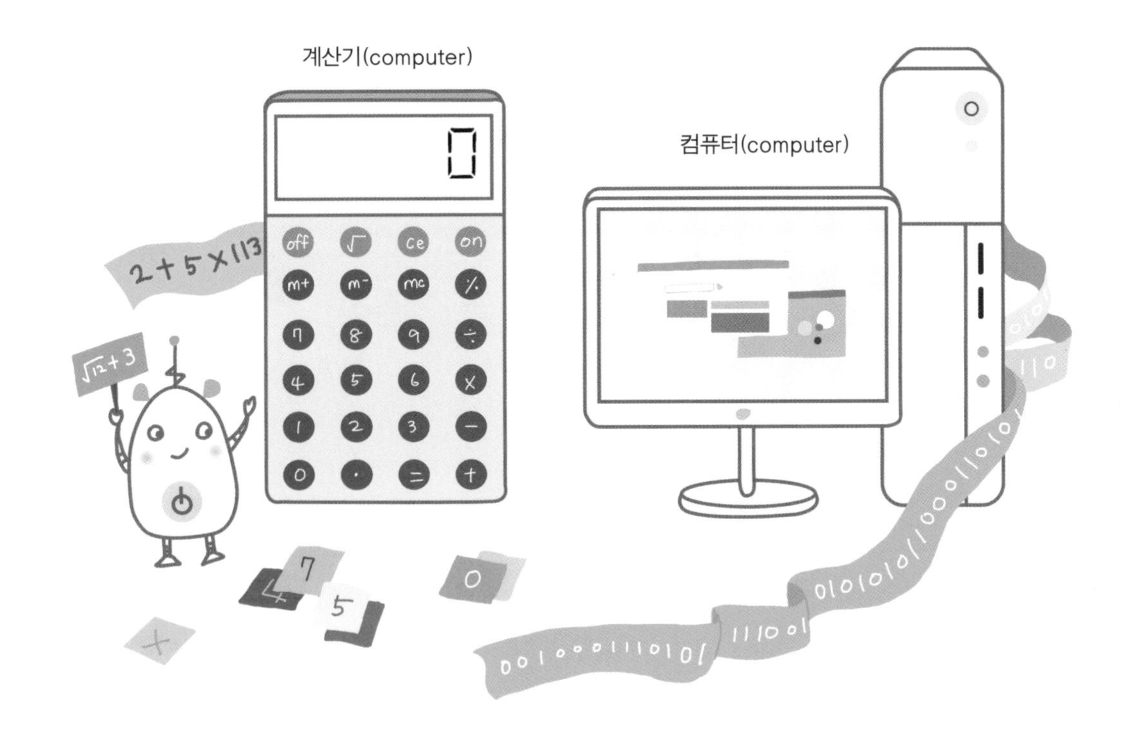

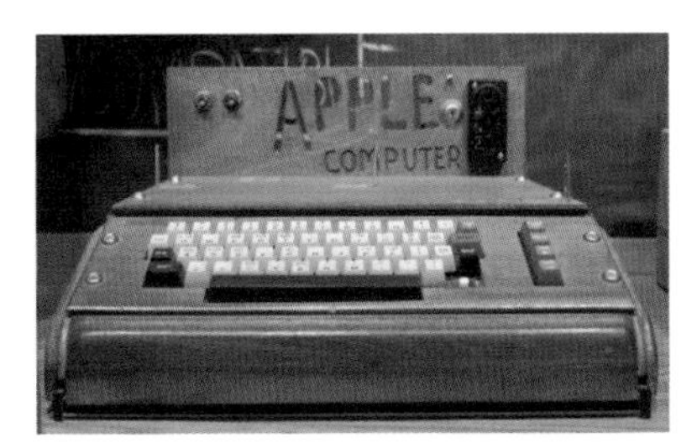

차고에서 탄생한 애플 컴퓨터

1976년 조그만 차고에서 스티브 잡스에 의해 '애플' 컴퓨터가 탄생했지요. 애플 컴퓨터는 키보드와 메인보드로 구성된 반제품 형태로 판매되었는데요. 사용자가 직접 케이스와 부품으로 컴퓨터를 조립해야 하는 어려움 때문에 대중화에는 실패하고 맙니다.

조그만 차고에서 시작한 회사의 이름이 바로 '애플(Apple)'입니다. 회사 이름을 '사과'라고 부른 이유가 무엇일까요? 로고 모양은 멀쩡한 사과도 아니고 한 입 베어 먹은 사과의 모양이군요.

애플 사의 로고

'애플'이라는 이름은 스티브 잡스(Steve Jobs)가 과수원에서 일하면서 영감을 얻었다고 합니다. 멀쩡한 사과도 아니고 한 입 베어 먹은 사과를 로고로 채택한 이유는 다름아닌 로고가 토마토

로 보일까봐였다고 합니다. 또 다른 이유가 한 가지 더 있는데요. '한 입 베어 먹다'를 영어로 'bite'라고 하지요. '베어 먹다(bite)'라는 단어가 데이터의 크기 단위인 'byte(바이트)'를 떠올려서 한 입 베어 먹은 사과가 로고로 만들어진 거예요.

> **byte**
> byte는 컴퓨터에서 사용되는 데이터 단위예요. 무게를 잴 때 1g이라고 하듯이, 데이터 크기를 말할 때 byte 단위를 사용해요. Story 4에 자세한 설명이 있어요.

1977년 스티브 잡스는 두 번째 작품인 애플 II 컴퓨터를 출시하여 대성공을 거둡니다. 이 컴퓨터는 4,000대 이상 팔릴 정도로 엄청난 인기를 끌었고, 개인용 컴퓨터 붐을 일으킨 주인공이 되었답니다. 비록, 역사적 기록에서 애플 컴퓨터가 세계 최초는 아니지만, 대중들의 사랑 덕분에 사람들의 머릿속에는 '진짜 최초 개인용 컴퓨터'로 기억되고 있답니다.

애플 II 컴퓨터가 대성공을 거둔 이유는 고객의 눈높이에 맞는 컴퓨터 개발이었다고 해요. 그전까지의 컴퓨터는 전문가들만이 사용할 수 있는 어려운 기계였지만, 애플 II는 일반인들도 쉽게 사용할 수 있도록 만들어졌습니다. 컴퓨터를 텔레비전(TV)과 같은 대중적인 가전제품처럼 만들기 위해 스티브 잡스가 백화점의 생활 가전 코너를 돌아다니며 영감을 얻었다고 하니 그만큼 소비자의 눈을 중요하게 생각한 것이죠.

애플 II의 성공은 최초로 컬러 화면을 제공하고, 최초로 프로그래밍 언어를 지원하는 기술력에 있었어요. 검정색 화면에 흰색 글씨만 나타나던 시절에 애플 II의 컬러 화면은 대중들의 관심과 사랑을 한 몸에 받을 정도였죠. 애플 II에서 사용할 수 있는 '스프레드시트'가 개발되면서 컴퓨터로 할 수 있는 업무가 늘어났고, 스프레드시트 때문에 컴퓨터를 사는 사람도 생기기 시작했어요. 소프트웨어가 하드웨어 판매에 힘을 실어준 것이죠.

프로그래밍 언어

프로그래밍 언어는 Story 7에서 설명드릴 거예요.

스프레드시트

스프레드시트는 현재 우리가 사용하는 '엑셀'의 시초가 되는 소프트웨어예요.

애플 II 컴퓨터(1977년 출시)

02

컴퓨터 작명 이야기

데스크톱, 랩톱, 넷북, PC. 이들 모두가 컴퓨터를 부르는 이름입니다. 컴퓨터의 이름이 이렇게 다양한 이유는 무엇일까요?

컴퓨터가 방 하나를 가득 메울 만큼 크기가 매우 컸던 옛날에는 냉장고 크기만 한 컴퓨터를 미니 컴퓨터라고 불렀어요. '미니'라는 말이 그다지 어울리지는 않지만, 언어의 표현은 상대적인 것이니까요. 1970년대 중반 스티브 잡스의 애플 컴퓨터를 시작으로 '데스크톱 컴퓨터(desk top computer)'가 등장했는데요. 데스크톱 컴퓨터란 책상(desk) 위에(top) 올릴 수 있는 컴퓨터(computer)를 말해요.

'Welcome, IBM, to personal computing'
IBM! 개인용 컴퓨팅 세계에 온 걸 환영해!

1975년 IBM에서 휴대용 컴퓨터를 선보입니다. 요즘 세상에서 스마트폰 정도는 되어야 '휴대용'이라는 말을 사용할 수 있겠지만, 당시에는 무겁

IBM 5150 PC(1981년 출시)

매킨토시(1984년 출시)

지만 들고 다닐 수만 있어도 '휴대용 컴퓨터'라고 인정받던 시기였지요. 1975년 12월《BYTE》컴퓨터 잡지에서 IBM 휴대용 컴퓨터를 환영하는 기사 제목이 인상적입니다. "IBM! 개인용 컴퓨팅 세계에 온 걸 환영해!"

1980년대는 데스크톱 컴퓨터가 가정마다 보급되는 대중화의 시기였는데요. IBM PC, 애플 매킨토시(Apple Macintosh) 등이 그 당시 인기를 누렸던 컴퓨터입니다. 미국 IBM 회사가 'IBM 개인용 컴퓨터 5150'이라는 이름으로 컴퓨터를 출시하면서 '개인용 컴퓨터(PC: Personal Computer)'라는 용어가 우리 생활 속에 자리잡았지요.

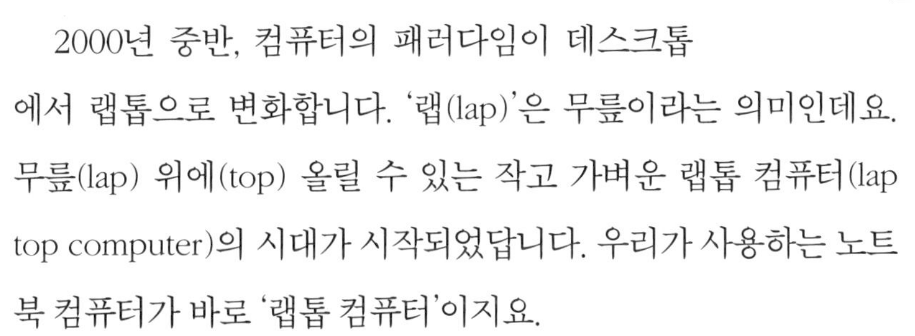

2000년 중반, 컴퓨터의 패러다임이 데스크톱에서 랩톱으로 변화합니다. '랩(lap)'은 무릎이라는 의미인데요. 무릎(lap) 위에(top) 올릴 수 있는 작고 가벼운 랩톱 컴퓨터(lap top computer)의 시대가 시작되었답니다. 우리가 사용하는 노트북 컴퓨터가 바로 '랩톱 컴퓨터'이지요.

2010년에는 용도와 개인들의 취향에 따라 다양한 노트북 컴퓨터가 선보이기 시작했습니다. 성능은 떨어지지만 가격 면에서 저렴한 넷북(netbook), 매우 얇은 노트북인 울트라씬(Ultra-thin), 노트북 컴퓨터임에도 화면이 크고 무겁지만 고성능을 자랑하는 '데스크노트(Desknote)' 등이 있어요. 노트북 컴퓨터의 이

노트북

우리나라에서 '노트북 컴퓨터'를 '노트북'이라고 줄여서 부르는데요. 100퍼센트 콩글리시예요. 노트북은 공책입니다. 미국 가서 notebook을 달라고 하면 공책을 줄 거예요.

름을 일일이 기억할 필요는 없지만, 컴퓨터 이름이 특징을 살려서 지어진다는 사실은 중요하답니다.

'내 손안의 컴퓨터'라는 수식어가 붙는 스마트폰은 바로 손바닥 크기의 컴퓨터인데요. 요즘은 손바닥도 아닌 손가락만 한 컴퓨터도 있답니다. 그 이름은 바로 '핑거 PC'. 이렇게 작은 컴퓨터가 어디에 쓰일지 궁금하시죠? 대표적인 예로, 일반 TV에 핑거 PC를 연결해 스마트 TV처럼 활용할 수 있어요.

가전제품에도 컴퓨터가 내장되면서 '스마트'한 가전제품이 등장하고 있어요. 전화만 가능한 핸드폰에 컴퓨터가 탑재되면서 스마트폰이 되었고, 드라마, 영화 등을 시청할 수 있었던 TV에 컴퓨터가 탑재되면서 스마트 TV가 되었지요. 컴퓨터의 이름이 '계산기'에서 '스마트'로 변화하고 있답니다.

03

능력자, 서버 이야기

지금까지 개인용 컴퓨터를 설명했어요. 이제는 회사에서 사용되는 컴퓨터를 설명할 때가 된 것 같네요. 1990년대까지만 해도 종이와 펜을 이용해서 업무를 처리할 수 있었지만, 지금은 컴퓨터가 없으면 업무가 마비되는 시대가 되었지요. 네트워크 장애로 인터넷 사용을 못하기라도 하면 모든 업무가 마비된 듯 답답한 느낌까지 드니 말이에요.

회사에서 사용하는 컴퓨터는 크게 두 가지로 나눌 수 있답니다. 회사 직원들이 사용하는 컴퓨터와 특정 업무나 서비스를 위한 컴퓨터가 있어요. 특정 업무가 무엇이냐고요? 그건 회사마다 다를 것 같아요. 운동화, 자전거 등을 판매하는 인터넷 쇼핑몰의 예를 들어본다면 특정 업무가 온라인 상품 판매가 되고요. 카카오톡, 라인 등과 같은 회사는 메신저 서비스가 특정 업무의 예가 될 수 있어요.

회사 직원들은 개인용 컴퓨터(PC)를 가지고 일을 합니다. 직원

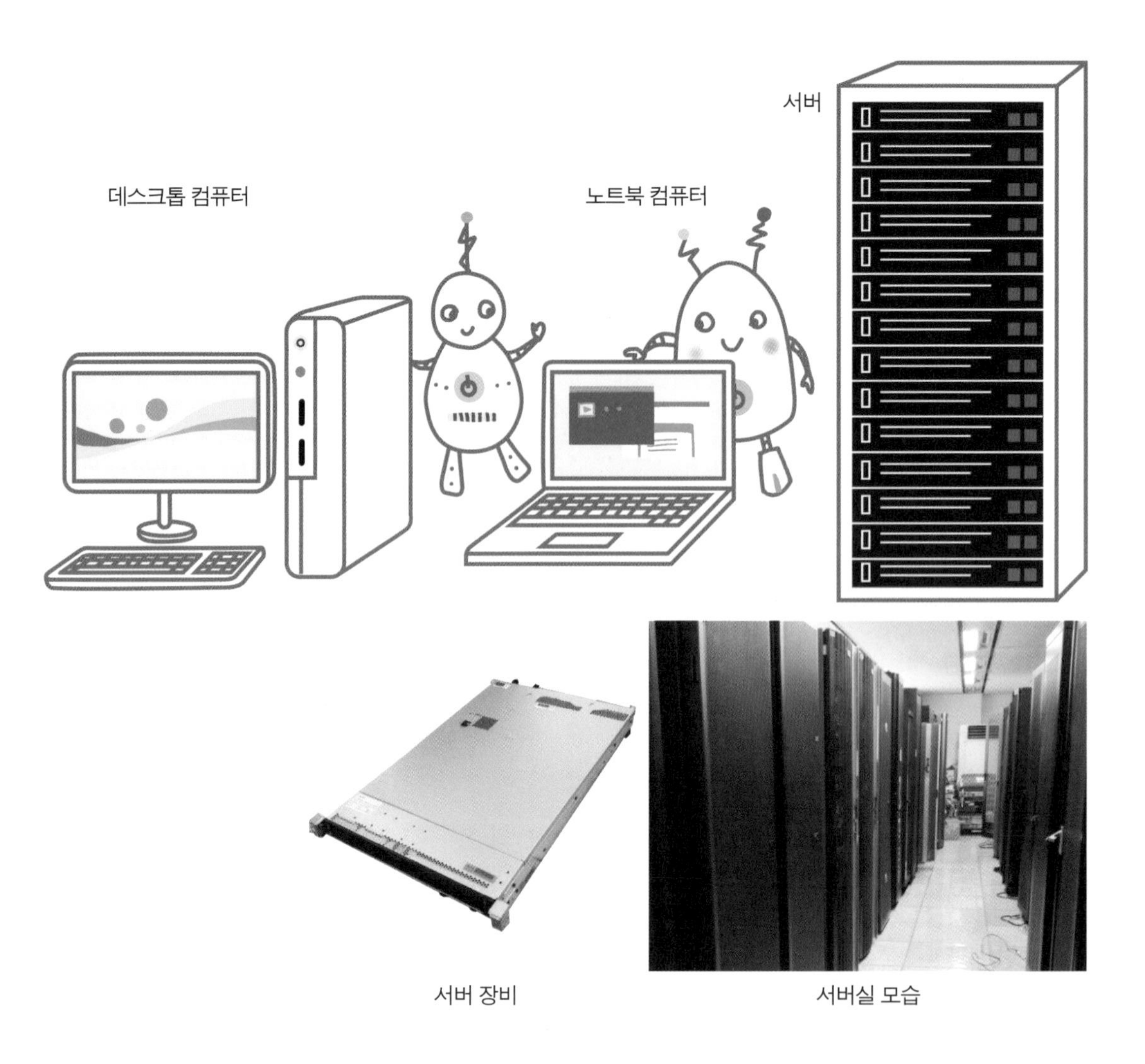

서버 장비

서버실 모습

들이 사용하는 개인용 컴퓨터 말고도 '서버(server)'라고 불리는 컴퓨터가 있는데요. 이 컴퓨터는 개인용 컴퓨터보다는 성능이 훨씬 좋답니다. 성능이 좋다는 의미는 빠른 속도로 작업을 많이 처리할 수 있다는 의미인데요. 이런 성능 좋은 서버는 복잡한 계산이나 엄청난 양의 빅데이터 분석을 요구하는 과학 기술 분야에서 사용되기도 하고, 많은 사람들이 이용하는 이메일 서버나 옥션,

빅데이터

'빅데이터'는 Big Data를 소리나는 대로 부르는 말이에요.

11번가와 같은 인터넷 쇼핑몰 등을 운영할 때도 사용하지요.

날씨 예측을 위해서는 엄청난 양의 데이터를 분석해야 해요. 이때 성능 좋은 서버를 사용한답니다. 능력자로 분류될 만큼 계산 속도가 매우 빠른 서버를 사용하기 때문에 '슈퍼 컴퓨터'라고 부르고 있어요. 슈퍼맨처럼 슈퍼 컴퓨터의 능력은 데스크톱 컴퓨터의 능력을 초월합니다. 개인용 컴퓨터와 비교하면 수백에서 수천 배 빠르지요.

이메일을 주고 받을 때 중간에 이메일 서버라고 부르는 컴퓨터가 사용되고 있어요. 이메일 서버가 어떤 역할을 하는지 실생활의 예로 설명해볼게요. 도티가 잠뜰이에게 편지를 보내려고 합니다. 도티는 잠뜰이네 집까지 찾아가 편지를 줄 수 있지만, 보통 우체국에 편지를 맡기지요. 우체국에 맡기면 우체부 아저씨가 편

슈퍼 컴퓨터

지 봉투의 주소를 보고 잠뜰이네 집으로 편지를 배달해줍니다.

이메일 서버는 우체국의 역할을 합니다. 도티가 컴퓨터에서 이메일을 보내면 서버가 이메일을 받아 주소(aaa@daum.net)를 확인하고 잠뜰이에게 전달해준답니다. 이메일 서버도 컴퓨터인데요. 여러 명에게 서비스를 제공하는 컴퓨터이기 때문에 개인용 컴퓨터보다는 성능이 훨씬 좋은 서버급 컴퓨터가 사용되고 있지요. 우체국에 이용자가 많다면 직원을 늘려서 빨리 일을 처리하려고 하잖아요. 이메일 서버도 마찬가지예요. 백 명, 천 명이 이메일을 보내는 상황에서도 편지를 빨리 보내기 위해 능력이 출중한 컴퓨터를 사용하고 있어요.

메인 프레임
(An IBM System z9)

옥션, 11번가와 같은 인터넷 쇼핑몰도 서버를 사용하고 있는데요. 전 국민이 접속하는 인터넷 쇼핑몰을 운영하기 위해서는 당연히 능력이 출중한 서버를 사용할 뿐만 아니라 여러 대의 서버를 가동해야 한답니다.

일반적으로 사양이 높은 컴퓨터를 성능이 좋다고 말하고 있어요. '사양'이란 컴퓨터 부품 정보를 말해요. 사양이 영어로는 'specification'인데요. 이런 이유에서인지 컴퓨터 사양을 '컴퓨터 스펙'이라고 부르기도 한답니다.

"컴퓨터 사양이 어떻게 되나요?"라고 물으면 컴퓨터 안에 들어가는 CPU, 메모리, 하드디스크 등의 부품 정보를 알려주면 된답니다. 예를 들면 다음과 같습니다.

CPU	3.2GHz
메모리	8GB
HDD	1TB
그래픽 카드	2GB DDR3, 128비트
네트워크 카드	10/100/1000 Mbps (Gigabit)

컴퓨터 사양과 성능은 어떤 관계가 있을까요? 사양이 높은 컴퓨터는 작업을 더 빨리 처리하고 더 많은 작업을 진행할 수 있어요. 컴퓨터로 3D게임을 할 때와 워드프로세서(word processor)로 문서 작업을 할 때를 비교해보면, 게임을 할 때가 더 높은 사양의 컴퓨터가 필요해요. 우리가 3D게임을 즐기는 동안 컴퓨터는 다이내믹한 게임 화면을 모니터에 빠른 속도로 보여줘야 하기 때문에 그만큼 해야 할 일이 많은 까닭입니다. PC방이나 게임을 즐기는 사람들이 높은 사양의 컴퓨터를 구입하는 이유도 여기에 있고요. 사양과 성능의 관계에 대해서 더 자세히 알고 싶다면 Story 3 〈컴퓨터 가족 이야기〉를 읽어보세요. 도움이 될 거예요.

Story
2

소프트웨어 이야기

04

하드웨어와 소프트웨어

일반적으로 컴퓨터를 하드웨어와 소프트웨어로 나누어 설명합니다. 하드웨어는 손으로 만져지는 딱딱한 장비들을 말하는데 CPU, 모니터, 스피커, 메모리 등을 말하지요. 반면, 소프트웨어는 하드웨어와 같이 손으로 만질 수는 없지만 하드웨어를 움직이게 하는 명령어들을 의미해요. 오피스 워드, 알집, 곰플레이어 등이

명령어

'명령어'란 사람이 컴퓨터에게 일을 시키기 위해 사용하는 단어나 문장을 말해요. 예를 들어 "안녕하세요"를 모니터에 출력하기 위해서는 print라는 명령어를 사용해요. 명령어들이 모여 하나의 소프트웨어 혹은 프로그램이 된답니다.

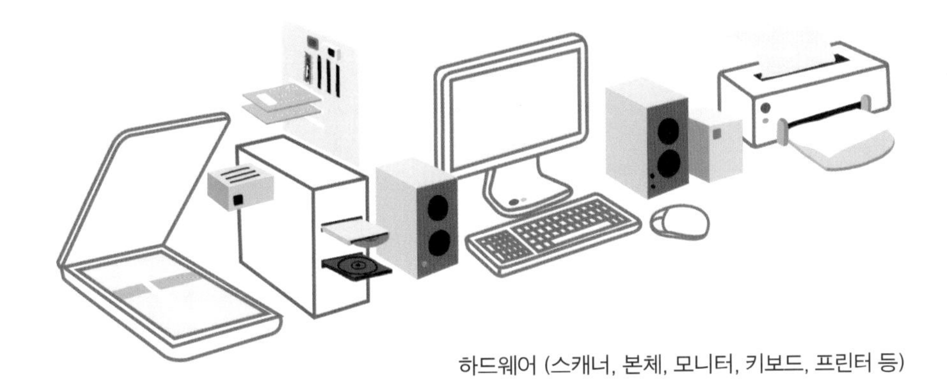

하드웨어 (스캐너, 본체, 모니터, 키보드, 프린터 등)

운영체제

웹브라우저

파워포인트

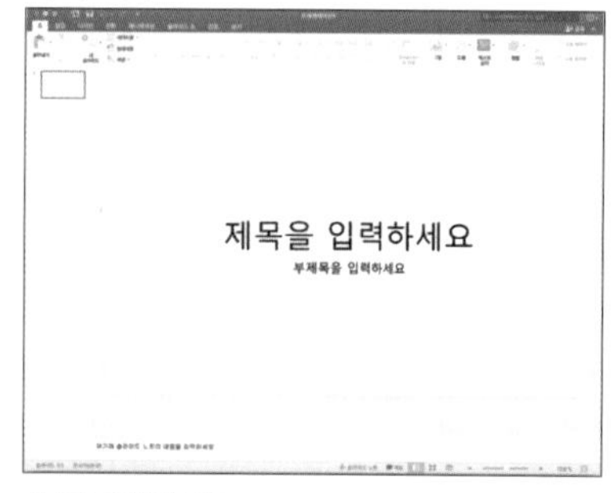

소프트웨어 예

대표적인 소프트웨어라고 볼 수 있답니다.

하드웨어와 소프트웨어를 우리 몸에 비유해볼게요. 우리 몸에서 손, 발, 눈 등은 하드웨어라고 볼 수 있고, 생각, 마음, 고민 등은 소프트웨어로 볼 수 있죠. 뇌에서 신호를 보내야 우리 몸이 움직일 수 있듯이 소프트웨어는 하드웨어를 움직이게 하는 신호라고 생각하면 됩니다. 즉 소프트웨어는 하드웨어에게 신호를 보내는 녀석인 것이죠.

소프트웨어란 명령어의 모음을 말합니다. 딱딱한 하드웨어만 있으면 컴퓨터에서 절대 영화를 볼 수 없어요. 하드웨어에 영혼을 불어넣는 소프트웨어가 있어야 비로소 컴퓨터에서 영화를 볼 수 있고 음악도 들을 수 있는 거예요.

하드웨어에게 명령을 내리려면 컴퓨터가 이해할 수 있는 언어로 명령어를 작성해야 해요. 한국인이 영어를 쓰는 미국인이랑 대화하는데 한국어로 말을 건다면 미국인이 이해할 수 없는 것처럼요. 그래서 소프트웨어를 만들 때는 컴퓨터가 이해할 수 있는 언어인 컴퓨터 프로그래밍 언어(Java, C 등)를 사용한답니다. 컴퓨터가 인간의 언어를 이해할 정도로 아직은 똑똑하지 않거든요.

우리가 자주 이용하는 자동문도 하드웨어와 소프트웨어로 구성되어 있어요. 유리문, 센서, 모터 등의 하드웨어만으로 문이 자동으로 열릴까요? 천만의 말씀! 문을 자동으로 움직이게 해줄 수 있는 것도 소프트웨어가 있어야만 가능해요.

소프트웨어도 나름 레벨이 있고 격이 있답니다. 하드웨어를 아무나 건드리도록 내버려둔다면, 컴퓨터는 금세 고장 나고 말기 때문에 컴퓨터 하드웨어를 움직이게 할 수 있는 권한은 운영체제(OS)에만 있다는 사실!

운영체제

컴퓨터의 전원을 켰을 때 Windows 10(윈도우 10)이라는 로고를 본 적이 있을 거예요. 윈도우 10이 바로 운영체제랍니다. 운영체제에 대한 설명은 Story 2의 〈창문을 열자~ 윈도우〉에 있어요.

곰플레이어에서 영화를 재생하는 경우를 생각해볼까요? 곰플레이어는 모니터에게 "영화 영상을 출력해"라고 말할 권한이 없기 때문에 운영체제에게 부탁을 해야 합니다.

곰플레이어가 비굴모드로 "운영체제 님…… 모니터에 영상을 출력해주시면 안 될까요?"라고 운영체제에 요청하면, 운영체제는 명령을 실행해줄지 고민한 후 허락해줍니다. 그제야 하드웨어는 운영체제의 명령을 받아 모니터에 영상을 출력합니다.

이렇게 운영체제는 하드웨어를 컨트롤(제어)할 수 있는 막강한 권력을 가지고 있답니다. 이런 소프트웨어를 우리는 '시스템 소프트웨어'라고 불러요. '시스템 소프트웨어(system software)'에서 system은 '장치'라는 뜻이 있죠. 단어에서 힌트를 얻을 수 있듯이 시스템 소프트웨어는 장치를 움직이게 하는 소프트웨어랍니다.

파워포인트, 인터넷 익스플로러 등과 같은 소프트웨어는 하드웨어를 건드릴 수 있는 권한이 없습니다. 그래서 시스템 소프

트웨어의 도움을 받아야 하는 처지에 있죠. 이렇게 시스템 소프트웨어의 도움을 받아 사용자가 원하는 작업을 처리해주는 소프트웨어를 '응용 소프트웨어'라고 부른답니다. '응용 소프트웨어(application software)'에서 application이란 '응용' 또는 '적용'이라는 뜻인데, 무엇을 응용하라는 걸까요?

회사나 학교에서 일을 효율적으로 처리하기 위해서 엑셀, 메신저, 그룹웨어 등의 응용 소프트웨어를 사용하는데요. 이런 소프트웨어는 소프트웨어의 기반 기술을 응용해 만들어졌기 때문에 '응용 소프트웨어'라고 부르고 있어요. 종종 '소프트웨어'를 생략하고 '애플리케이션'이라고 부르기도 해요.

응용
수학 공부를 할 때 기본 지식을 배운 후 실생활에 응용해 복잡한 문제를 해결하듯이, 응용이라는 단어는 기본 지식을 새로운 문제에 적용하는 것을 의미해요.

전문가들은 '소프트웨어'라는 용어 대신 '솔루션(solution)'이라는 용어를 사용하기도 하죠. 단어가 생겨난 배경은 이렇게 생각할 수 있어요.

컴퓨터 교실에 컴퓨터를 10대도 아니고 자그마치 100대나 들여놓았습니다. 컴퓨터 선생님이 100대 컴퓨터를 관리해야 하는데…… 100대의 컴퓨터에 각각 프로그램을 설치하고, 매일 관리해야 하니 그만 힘들어 쓰러집니다. 켁! 이때 어느 회사가 해결사처럼 다가와 이렇게 말하는 거예요. "우리 회사의 솔루션을 이용해보십시오. 이런 어려움이 한순간에 해결됩니다"라고 야심차게 말하는 것이 아니겠어요.

여기서 말하는 솔루션이 바로 소프트웨어랍니다. 어때요? 소프트웨어가 어려운 상황을 해결해주는 솔루션(solution) 같지 않나요? 하지만 솔루션은 컴퓨터에서만 사용되는 용어는 아니랍니다. 어떤 문제를 해결해주는 방법이라면 어떤 상황에서든 솔루션이라고 말할 수 있어요.

프린터를 운전하는 드라이버

컴퓨터를 구입하면 함께 주는 드라이버 CD를 본 적이 있을 거예요. 요즘은 인터넷을 통한 드라이버 자동 설치가 가능해 CD가 딸려오는 경우가 거의 없는데요. 여기서 드라이버는 어떤 역할을 할까요? 예를 들어 프린터와 컴퓨터를 케이블로 연결해도 프린터가 곧바로 동작하지 않는답니다. 그 이유는 컴퓨터와 프린터가 서로 대화를 나누도록 도와주는 소프트웨어가 설치되지 않았기 때문이죠. 프린터로 "100장 양면으로 인쇄해"라는 명령을 보내려면 운영체제에 '드라이버(driver)'라는 작은 소프트웨어가 설치되어 있어야 한답니다. 프린터를 살 때 항상 '드라이버 CD'

를 제공하는 이유가 바로 이런 이유이지요. 자동차를 운전하는 사람을 드라이버라고 부르는 것처럼 프린터를 운전하는 소프트웨어를 드라이버고 생각할 수 있어요.

키보드, 마우스, 모니터 등의 장치를 사용할 때도 운영체제에 각각의 드라이버를 설치해야 해요. 하지만 요즘 운영체제에는 잘 알려진 드라이버가 포함되어 있기 때문에 장치를 컴퓨터에 꼽기만 하면 운영체제가 대부분 알아서 인식해줍니다.

이것을 '플러그 앤드 플레이(Plug and Play)'라고 합니다. 카세트의 전원 플러그를 콘센트에 꼽으면(plug) 바로 음악이 재생(play)되 듯이 컴퓨터에 장치를 연결하면 바로 사용할 수 있게 해주는 운영체제의 기능이지요. 이런 친절한 운영체제 덕분에 전문가가 아닌 우리도 컴퓨터를 쉽게 사용할 수 있는 거예요.

다음 그림에 "Installs the matching software"라는 메시지가 있는데요. 프린터를 사용하기 위해 드라이버를 설치하라는 의미랍니다.

05

창문을 열자~ 윈도우

컴퓨터의 전원을 켜면 모니터 화면에 'Microsoft Windows'라는 로고가 나타납니다. 윈도우(Windows)는 운영체제(operating system)에 붙여진 이름이에요. 운영체제란 CPU, 메모리, 하드디스크 등의 하드웨어를 관리해주고, 내 컴퓨터와 다른 컴퓨터들이 대화할 수 있도록 도와주는 등 많은 일들을 해주는 소프트웨어를 말한답니다.

운영체제

앞에서 시스템 소프트웨어를 배웠죠? 운영체제가 하드웨어를 움직이게 해주는 소프트웨어이기 때문에 대표적인 시스템 소프트웨어라고 말할 수 있어요.

OS는 Operating System의 약자로 운영체제 또는 운영체계라고 부르기도 해요. 컴퓨터에서 파워포인트, 인터넷, 게임 등과 같은 응용 소프트웨어는 운영체제의 도움을 받아 실행된답니다.

운영체제를 실생활의 예로 조금 더 쉽게 설명해볼게요. 호텔에서는 호텔을 운영하는 나름의 체계가 있답니다. 운영하는 체계란 방 예약, 고객 응대, 식사 준비, 방 청소, 주차 관리 등 각자의 역할에 따라 정해진 규칙에 의해 수행되는 것을 말해요. 그래서 손님이 체크아웃을 하면, 호텔의 규칙에 따라 방 청소가 시작되

윈도우 운영체제 로고

고, 방 청소가 끝나면 침구류가 모아져 세탁이 되는 등의 작업이 순차적으로 일어납니다. 이런 일련의 과정이 바로 호텔을 운영하는 체계이지요.

학교의 예를 들어볼까요? 새 학기가 되면 1학년 신입생을 받기 위해 취학 통지서를 예비 학생들의 집으로 보냅니다. 학교에서는 나름의 운영체계에 따라 신입생을 받을 준비를 하지요. 학생들의 반을 배정하고, 학생들에게 나눠줄 교재를 준비하고, 반별로 선생님을 정하는 등 학교에서 정한 운영체계에 따라 준비가 이루어지는 거예요.

이렇게 운영체계가 잘되어 있으니 우리가 호텔을 예약할 때 방 청소, 요리 준비 등을 신경 쓰지 않아도 됩니다. 호텔만의 효율적인 관리체계(운영체계)가 있으니 알아서 잘 준비될 테니까요. 컴퓨터도 마찬가지랍니다. 운영체제가 있기 때문에 마우스가 어떻게 컴퓨터에서 인식되는지, 마우스 움직임이 모니터 화면에 어떻게 표시되는지, 카카오톡에서 보낸 메시지가 저 멀리 떨어진 다른 컴퓨터로 어떻게 보내지는지, 모니터에 사진이 어떻게 나타나는지 신경 쓸 필요가 없어요.

마이크로소프트(Microsoft) 회사의 윈도우(Windows) 역사는 1980년대로 거슬러 올라갑니다. 1985년 마이크로소프트 사는 윈도우 1.0이라는 새로운 운영체제를 전격 발표합니다. 키보드로 명령어를 타이핑해야 했던 비호감의 MS-DOS 운영체제 시대에 마우스를 원하는 곳에 위치시켜 클릭할 수 있는 그래픽 기반

MS-DOS 운영체제

1981년대 IBM PC에 탑재하기 위해 개발된 마이크로소프트 사의 운영체제예요. 검정색 화면에 흰색 글자를 보여주는 비호감의 운영체제였는데요. 파일을 삭제하거나 문서를 보는 등의 작업을 실행하기 위해서는 키보드로 명령어를 입력해야만 했기 때문에 일반인들이 컴퓨터를 사용하기에는 어려움이 있었어요. 이 운영체제는 명령어 기반 인터페이스를 지원했어요.

윈도우 95 운영체제가 출시되면서 마우스로 바탕화면의 아이콘을 더블클릭하면 복잡한 명령어를 입력하지 않아도 프로그램을 실행할 수 있게 되었어요. 다양한 색의 바탕화면이 제공되는 '그래픽 기반 인터페이스'를 지원했어요.

Windows 1.0 박스 이미지 Windows 1.0 바탕화면

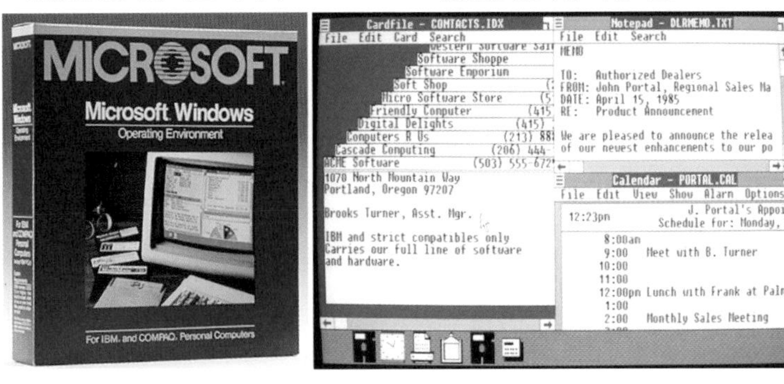

사용자 인터페이스(GUI)의 운영체제가 탄생한 것이죠.

윈도우는 창문이라는 의미인데요. 컴퓨터에서 아래 그림과 같은 것들을 '창'이라고 부른답니다. 팝업창, 안내창, 경고창 등등 모두 창문을 말해요.

마이크로소프트 사는 여러 개의 창문(window)으로 구성된

이 운영체제를 'Windows(창문들)'라는 이름으로 세상에 알렸답니다.

우리나라에서는 마이크로소프트 사에서 개발한 윈도우 계열의 운영체제를 많이 사용하고 있지요. 이 운영체제는 돈을 주고 사야 하는 상용 소프트웨어랍니다. 물론, 무료로 사용할 수 있는 운영체제도 있어요. 바로 리눅스(Linux)인데요. 소프트웨어를 개발하는 기업에서는 이 운영체제를 많이 사용하고 있답니다. 리눅스는 무료로 인터넷에서 다운로드 받아 설치할 수 있는 프리웨어(freeware)입니다. 무료이지만 안정적이고 다양한 기능을 갖추고 있어 여러 기업에서 많이 사용하고 있어요.

여기서 잠깐!

CLI, GUI, NUI

종종 '인터페이스'라는 말을 들어본 적이 있을 거예요. 명령줄 인터페이스, 그래픽 사용자 인터페이스, 네트워크 인터페이스 등이 예가 될 수 있어요. '인터페이스'는 inter(사이의)와 face(얼굴)의 합성어입니다. '얼굴과 얼굴 사이'라는 뜻을 가지고 있는 이 단어는 시스템과 시스템의 경계를 의미할 때 사용한답니다. 물론 시스템과 사람, 장치와 소프트웨어 간의 경계도 인터페이스라고 말하지요.

예를 들어볼까요? 과거 MS-DOS를 사용하던 시절 검정색 화면에 흰색 글자로 명령어를 입력해서 프로그램을 실행했던 때가 있었지요. 요즘은 서버 전문가나 네트워크 전문가들이 사용하는 서버급 컴퓨터에서나 명령어 기반 사용자 인터페이스를 찾아볼 수 있는데요.

검정색 화면에 흰색 글자의 명령어를 입력하는 방법을 바로 명령줄 인터페이스, 즉 CLI(Command Line Interface)라고 해요. 사람과 컴퓨터가

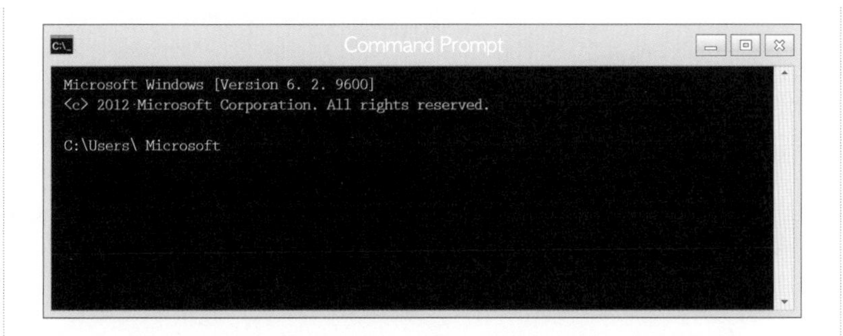

만나는 경계가 명령어 입력을 통해 이루어지기 때문에 그렇게 부르는 것이랍니다.

우리가 사용하는 대부분의 컴퓨터는 그래픽 기반 사용자 인터페이스(GUI)로 되어 있어요. 화려한 운영체제 바탕화면에 있는 아이콘을 마우스로 더블 클릭해서 프로그램을 실행하는 방식을 말하는데요. 컴퓨터와 사람이 만나는 화면이 그래픽하게 제공된다고 하여 그 이름을 그래픽 기반 사용자 인터페이스라고 부릅니다. 영어로 하면 GUI 혹은 Graphical User Interface이지요.

더욱 친근하고 자연스러운 인터페이스가 등장하고 있는데요. 스마트폰에서 책을 넘기듯이 사진을 본다거나, 손가락 두 개로 사진의 크기를 키울 수 있는 인터페이스가 요즘의 트렌드이지요. 이런 사용자 친화적인 인터페이스를 NUI 혹은 Natural User Interface라고 해요.

미래에는 컴퓨터나 스마트폰과 같은 기계가 사용자에게 친근함을 주고, 감성을 자극할 수 있도록 변화할 텐데요. 영화 〈마이너리티 리포트〉에서 주인공이 손으로 프로그램을 선택하고 창 위치를 옮기는 모습도 곧 우리가 맞이할 미래가 아닐까 합니다.

네트워크 인터페이스 카드

네트워크 카드는 Story 3에 자세한 설명이 있어요.

네트워크 인터페이스 카드(Network Interface Card)라는 장치가 있는데요. 여기에도 '인터페이스'라는 단어가 붙어 있습니다. 네트워크 인터페이스 카드는 컴퓨터에서 다른 컴퓨터로 데이터를 보내고 받아주는 일종의 전화기와 같은 장치입니다. 네트워크 카드는 컴퓨터와 네트워크 장비(스위치)의 두 장비 사이 경계에 위치한다고 해서 네트워크 인터페이스라는 표현이 사용된 것이지요. 이더넷 카드, 랜 카드 등의 별명도 있답니다.

사용자 인터페이스(UI)

사용자와 컴퓨터 사이의 접점을 '사용자 인터페이스'라고 합니다. 바탕화면에 있는 e 모양의 아이콘을 마우스로 더블 클릭하면 인터넷 익스플로러 창이 나타납니다. 사용자는 아이콘이라는 통로를 통해 컴퓨터의 프로그램을 실행하게 되지요. 이 아이콘이 바로 사용자와 컴퓨터 프로그램의 경계에 위치하고 있는 인터페이스랍니다. 인터페이스가 그래픽하게 제공된다면 GUI, 검정색 화면에서 명령어를 입력해야 한다면 CLI라고 말하지요.

사용자 경험(UX)

제품 사용성이 중요한 요즘 시대에는 UX가 사용자의 관심을 받는 핫한 인터페이스랍니다. UX(User eXperience)는 제품을 사용하면서 느끼는 총체적인 경험을 말해요. "아! 이 스마트폰 너무 좋다"라는 사용자 경험을 이끌어내기 위해 화면을 감성적이고 편리하게 디자인하는 거예요.

피처폰 시대에 아이폰의 등장은 핸드폰 시장의 판도를 완전히 바꿔놓았어요. 사람들이 아이폰의 등장에 열광했던 이유는 스마트폰의 다양한 기능과 편리함뿐만 아니라 책장을 넘기듯 사진을 볼 수 있고, 손가락을 위에서 아래로 터치하면 메뉴가 나타나는 새로운 인터페이스가 등장했기 때문이기도 했어요.

06

Android와 iOS

피처폰을 가지고 사진을 찍고 전화와 문자를 보냈던 시절이 있었어요. 음악을 듣기 위해 mp3 플레이어를 들고 다녀야 했고, 핸드폰으로 사진을 찍을 수는 있었지만 해상도 때문에 무거운 디지털 카메라를 목에 걸고 다녀야 했지요. 인터넷은 당연히 컴퓨터로 해야만 했던 시절이었어요.

요즘은 스마트폰으로 음악을 듣고, 카카오톡으로 친구와 대화를 나누며, 인터넷도 합니다. 디지털카메라 성능에 못지않은 스마트폰의 등장으로 무거운 카메라를 들고 다녀야 하는 수고로움이 한결 줄어들었지요. 이것만으로도 스마트폰은 전화기 이상의 가치를 우리에게 선물하는 것 같습니다.

스마트폰이 컴퓨터처럼 다양한 기능을 제공할 수 있는 것은 바로 운영체제 덕분이지요. 스마트폰에 운영체제가 탑재되면서 다양한 응용 소프트웨어를 사용할 수 있게 되었거든요.

가장 많이 사용하는 스마트폰 운영체제는 Android(안드로이드)

와 iOS(아이오에스)가 있어요. 안드로이드 운영체제는 구글이라는 회사에서 만들었고요. iOS는 애플에서 만든 운영체제예요.

안드로이드 운영체제는 누구나 사용할 수 있도록 소스 코드를 공개하고 있어서 삼성 갤럭시, LG V10 등 다양한 스마트폰에 설치되어 있어요. 반면, iOS는 애플이 자기 회사에서만 사용하기 위해 만든 운영체제이기 때문에 아이폰에만 설치되고 있답니다.

우리가 사용하는 앱이나 어플은 운영체제에 영향을 받습니다. 카메라 앱은 운영체제의 허락 없이 카메라를 컨트롤할 수 없기 때문에 운영체제의 명령을 모르고는 사진을 찍을 수 없거든요. 절대 권력자인 운영체제의 명령을 이해할 수 있어야 앱이 운영체제에 설치되어 동작할 수 있답니다.

안드로이드와 iOS 운영체제는 서로 다른 회사에서 개발되었고, 동작하는 방식도 다르기 때문에 개발자들은 안드로이드와 iOS에서 동작할 수 있는 앱을 각각 개발하고 있어요. 예를 들어 '네이버 지도' 앱은 아이폰과 안드로이드용 앱 두 가지를 모두 제공하고 있어요.

네이버 지도 언제 어디서나 길 찾을 땐

대중교통, 자동차는 물론 자전거 도로에서 내비게이션까지!
이젠, 원하는 목적지를 네이버 지도로 한 번에 찾아가세요.

모바일 앱
아이폰 | 안드로이드

07

앱과 어플

애플리케이션(크롬 웹브라우저)

컴퓨터에 설치된 소프트웨어를 프로그램(program) 혹은 애플리케이션(application)이라고 부릅니다. 애플리케이션은 '응용'이라는 뜻을 가지고 있기 때문에 '응용 프로그램'이라고 부르기도 하지요. 대표적인 애플리케이션으로는 오피스 워드, 한글, 인터넷 익스플로러, V3 등이 있답니다.

어플(카카오톡)

내 손안의 컴퓨터라고 불리는 스마트폰에는 카카오톡, 애니팡, 하철이 등의 앱이나 어플이 설치되어 있는데요. 어플과 앱은 애플리케이션(application)의 앞자리 단어(apple 또는 ap)를 뽑아 만든 단어랍니다. 물론 애플리케이션과 동일한 의미를 가지고요.

소프트웨어의 나이, 버전

1년 전에 만든 소프트웨어와 오늘 만든 소프트웨어를 구별하기 위해 '버전'을 사용합니다. '오피스 워드 2013'에서 2013이 버전이고요, '네이트온 4.1'에서 4.1도 버전이지요.

소프트웨어를 만드는 개발회사에서는 소프트웨어에 기능이 추가되거나 변경될 때 이를 표시하기 위해 버전을 높입니다. 사람이 커가면서 나이를 먹듯 소프트웨어도 버전을 붙여가며 변화를 기록하고 있는 것이죠. 아래 그림은 네이트온 버전 4.1과 버전 5의 기능을 간략하게 비교해놓은 표입니다.

기능	네이트온4.1	네이트온5
파일 전송	○	◉
몰래대화(구 미니대화)	○	○
액티콘	×	○
내 이모티콘	○	◉
메시지함	×	◉
파일함	○	◉

버전 4.1에는 '메시지함'이 없다고 × 표시가 있고, 버전 5에는 '메시지함이 있다고 ○ 표시가 되어 있어요. 네이트온에 기능이 추가되면서 버전을 4.1에서 5로 올린 거예요. 버전을 v4.1과 같이 표시하기도 하는데요. 숫자 옆에 쓰인 'v'가 version

을 의미하고 있어요.

컴퓨터나 스마트폰을 사용하다 보면 앱이나 어플을 "업데이트"하라는 안내를 본 적이 있을 거예요. 보통 버그가 수정되거나 기능이 추가될 때, 컴퓨터나 스마트폰에 설치된 소프트웨어를 최신 소프트웨어로 바꾸기 위해 업데이트라는 작업을 합니다.

IT 분야에서는 업데이트(update)와 업그레이드(upgrade)를 혼용하고 있어요.

소프트웨어 '체험판'이라는 말을 들어본 적 있을 거예요. 체험판을 만드는 이유는 사용자들이 소프트웨어를 한번 체험해보고, 마음에 들면 정식 소프트웨어를 살 수 있도록 유도하기 위해서입니다.

체험판을 영어로 하면 'trial version'이에요. 소프트웨어 이름 옆에 'trial version'이라고 표시되어 있다면 "나는 여러분이 체험하도록 만들어진 소프트웨어예요"라고 알려주는 거랍니다. 체험판 소프트웨어는 정식 버전의 소프트웨어와는 다르게 기능을 일부 제외하거나 일정기간 동안만 사용할 수 있도록 만들어진답니다.

'윈도우 8'과 '윈도우 10'에서 8과 10이 버전이라는 점, 윈도우 10이 윈도우 8보다는 나중에 출시되었고, 기능이 추가된 사실을 이제는 알 수 있겠죠! 나중에 출시된 소프트웨어일수록 버전의 숫자가 높아진답니다.

요즘은 버전에도 이름을 붙이고 있어요. 스마트폰에 설치되는 안드로이드 운영체제 버전 4.0을 '아이스크림 샌드위치(Icecream Sandwich)'라고 부르고, 버전 4.1에서 4.3.1까지는 '젤리빈(Jellybean)', 버전 4.4는 '키켓(KitKat)', 버전 5.0에서 5.1까지는 '롤리팝(Lollipop)'이라고 부른답니다. 사람의 나이 30세를 '계란 한판'이라고 농담처럼 말하고는 하는데, 프로그램의 버전도 이렇게 이름을 붙이니 아기자기한 것 같기도 하고 재미있기도 하네요.

09

프리웨어와 상용 소프트웨어

프리웨어는 무료로 사용할 수 있는 소프트웨어를 말해요. 영어로 하면 'freeware'인데, free(무료)와 ware(상품)가 결합된 단어랍니다. 예를 들어 PDF 리더, 한글 뷰어, 카카오톡, 네이버 밴드 등이 있어요.

그런데, 왜 소프트웨어 개발회사들은 열심히 만든 소프트웨어를 무료로 나눠주는 것일까요? 아마 여러 가지 이유가 있을 텐데요. 대표적인 예를 들어 설명해볼게요.

카카오톡을 사용해본 적이 있나요? 스마트폰을 가지고 있는 거의 대다수 사람들이 카카오톡을 사용하고 있어요. 카카오톡처럼 많은 사람들이 사용하는 앱에는 광고의 위력이 있답니다. 사람이 많이 모이는 지하철, 버스 천장에 광고가 붙어 있는 것을 보았죠? 카카오톡의 '플러스친구'가 그런 광고 역할을 하고 있어요. 병원, 학원 등을 연결해주는 '플러스친구'가 카카오톡의 수익모델이 되고 있는 것이죠.

한편, 소프트웨어가 이제 막 출시된 경우에도 무료로 나눠주는 경우가 있어요. 처음에는 무료로 나눠주다가 사용자 수가 많아져 인지도가 높아지면 유료로 판매하게 되는 것이죠.

정부나 공공기관에서는 공공서비스를 제공하기 위해 소프트웨어를 무료로 나눠주기도 하고요. 어떤 사람들은 소프트웨어 개발에 관심이 많아서 취미 삼아 소프트웨어를 만들어 무료로 공개하기도 합니다. 하지만 가끔 나쁜 마음을 가진 사람들이 소프트웨어에 악성 코드를 심어서 배포하기도 하는 터라 무료 소프트웨어라고 항상 좋은 것은 아니랍니다.

리눅스라는 운영체제도 무료로 제공되는 '프리웨어'인데요. 리눅스는 '프리웨어'보다는 '공개 소프트웨어'라는 수식어가 더 어울리는 녀석이에요. 무엇을 공개하느냐고요? 바로 소스 코드를 공개하고 있어요. 소스 코드란 컴퓨터에게 명령을 내리기 위한 문장들을 말하는데요. 소스 코드를 공개하는 것은 기업의 기술력을 공개하는 것과 마찬가지이기 때문에 거의 모든 기업들은 소스 코드를 공개하지 않아요. 그런데 '리누스 토발즈(Linus Torvalds)'라는 핀란드 대학생이 1991년 리눅스 커널(Linux kernel)을 만들어 소스 코드를 공개하면서 공개와 나눔, 참여의 정신이 확산되었어요. 리눅스 커널은 전 세계 개발자들에 의해 지금까지 개선되었고 안정성 있는 운영체제로 발전했답니다. 윈도우 8과 같은 운영체제는 기술력이 있고 큰 규모의 마이크로소프트 사가 만들었지만, 리눅스는 전 세계의 개발자들의 힘으로

소스 코드

소스 코드는 Story 7 〈코딩 이야기〉에 자세한 설명이 있어요.

커널

커널은 운영체제의 핵심 부분인데요. 응용 소프트웨어로부터 요청을 받아 CPU가 이해할 수 있는 명령어로 바꿔주고 메모리, 네트워크 등을 관리해주는 소프트웨어예요.

만든 소프트웨어랍니다. 오른쪽 펭귄 그림이 리눅스의 마스코트예요. 1996년 리눅스가 확산되면서 로고를 만들었다고 해요. 리눅스 로고는 재미있고 친근해야 한다는 리누스 토발즈의 의견으로 이렇게 귀여운 펭귄이 리눅스를 대표하게 되었답니다.

리눅스 마스코트

셰어웨어를 영어로 표기하면 'shareware'인데요. 사용자가 소프트웨어를 써볼 수 있는 기회를 주기 위해 일정기간 동안 무료로 사용할 수 있는 소프트웨어를 말해요. shareware에서 share가 '공유하다'라는 뜻으로 '함께 쓴다'라는 의미이지요. 셰어웨어의 뜻으로만 보면 "여러분~ 내가 만든 소프트웨어를 공유할게요. 함께 사용해요"라고 오해할 수도 있을 것 같아요. 하지만 셰어웨어를 만든 속뜻은 "여러분! 한번 써보고 좋으면 돈 주고 사서 써야 됩니다!"라는 의도에서 만들어졌어요. 그래서 셰어웨어보다는 체험판이라는 단어를 사용하기도 하고요. 앞에서도 이야기했지만 체험판은 영어로 'trial version'이라고 부른답니다.

베타버전이라는 말을 종종 사용하는데요. 개발회사에서 소프트웨어를 공식적으로 출시하기 전에 사용자들의 의견을 받기 위해 베타버전을 공개하고 있어요. 사용자들이 베타버전 소프트웨어를 사용해본 후 의견이나 버그를 개발회사에 알려주면, 개발회사는 그러한 사용자들의 생생한 의견을 바탕으로 소프트웨어를 개선한답니다. 베타버전은 아직 안정화된 제품이 아니기 때문에 때로는 버그가 있을 수 있어요.

버그

프로그램이 갑자기 멈춘다고요? 이런 문제가 생기는 이유는 프로그램을 만드는 과정에서 잘못된 명령어가 들어가서 그런 거예요. 잘못된 명령어를 '버그(bug)'라고 부르는데요. 버그에 대한 이야기는 Story 11에 있어요.

지금까지 무료 소프트웨어만 살펴보았는데요. 물론 돈을 받고 판매하는 소프트웨어도 있답니다. 개인들이 사용하는 소프트웨어는 무료가 많지만, 회사에서 사용하는 소프트웨어는 대부분 돈을 내고 사용해야 해요. 이렇게 돈을 지불해야 하는 소프트웨어를 '상용 소프트웨어'라고 불러요.

소프트웨어를 출시한 후 사용자들에 의해 버그가 발견되는 경우가 있어요. 프로그램이 갑자기 다운되거나 기능이 실행되지 않는 문제를 버그라고 부르는데요. 이럴 때는 개발회사에서 재빨리 버그를 고쳐 소프트웨어를 다시 사용자에게 보내준답니다. 오류가 수정된 프로그램을 '패치 프로그램' 혹은 '패치'라고 불러요. 패치는 영어로 'patch'인데요. 양말에 구멍이 나면 덧대는 천 조각을 말합니다. '패치 프로그램'도 구멍을 막는 프로그램을 의미한답니다.

10

우리 생활의 소프트웨어

주소를 인식하는 소프트웨어

편지를 우체통에 넣으면 우체국으로 편지가 모입니다. 서울, 대전, 대구, 부산 전국 곳곳에 편지를 배달해야 하기 때문에, 얼마 전까지만 해도 우체국 직원들은 편지봉투에 쓰인 주소를 일일이 확인하고 지역별로 분류해야 했습니다. 하지만 이제는 우체국에서 이런 장면을 보기 어려울 것 같네요.

지금은 소프트웨어가 우체국 직원들의 바쁜 손을 대신하고 있거든요. 카메라로 찰칵 편지봉투의 사진을 찍으면 사진 이미지가 저장됩니다. 컴퓨터의 소프트웨어는 사진을 분석하여 편지지의 주소를 글자로 뽑아냅니다. 어떻게 그럴 수 있느냐고요?

소프트웨어는 사진 이미지에 있는 글자 모양을 분석해 가장 비슷한 글자를 뽑아줍니다. 예를 들어 우리가 편지지에 손으로 글자를 '서울'이라고 쓰면, 소프트웨어가 손글씨를 분석해 '서울'이라는 글자로 뽑아줍니다. 컴퓨터는 이 글자를 0과 1의 형태로

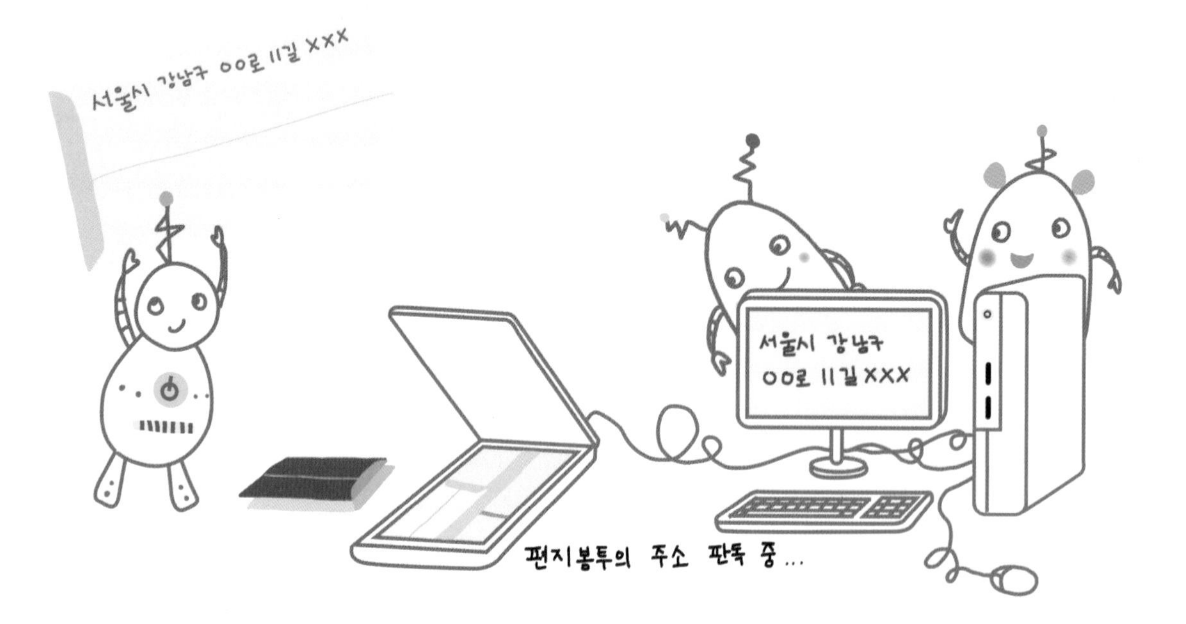

저장하지요.

소프트웨어가 어떻게 사람의 손글씨를 알아볼 수 있는 걸까요? 사람마다 필체가 다르기 때문에 컴퓨터에 이런저런 다양한 필체들의 데이터를 사전처럼 모아놓는답니다. 손글씨의 글자 모양을 유심히 살펴보고, 뜯어본 다음 가장 근접한 글자를 뽑아주지요.

편지 봉투에 주소를 또박또박 작성하면, 소프트웨어가 쉽게 글자를 인식할 수 있어요. 하지만 필기체처럼 휘갈겨 글자를 쓰면 소프트웨어가 무슨 글자인지 인식하기 어려워집니다. 그러면 소프트웨어가 이런 메시지를 출력합니다.

"인식 오류! 글자를 개발세발 써서 무슨 글자인지 모르겠어요."

사람도 개발세발 쓴 글자를 알아보기 힘든데 소프트웨어라고 별 수 있겠어요? 아직은 소프트웨어가 사람만큼의 인지능력을 갖고 있지 않답니다.

이마트 주차장를 관리해주는 소프트웨어

요즘 이마트나 병원에 가면 천장에 주차 공간을 알려주는 기계가 붙어 있어요. 층별로 주차 여유 공간이 얼마나 남았는지 숫자로 알려주지요. '주차 공간을 찾기 위해 여기저기 헤매던 시절은 지났구나'라는 생각조차 듭니다.

주차장을 관리해주는 소프트웨어는 센서, 라이트, 전광판과 서로 협동하여 동작하는 소프트웨어랍니다. 주차장 바닥에는 물건이 있는지를 확인해주는 센서가 설치되어 있고요. 천장에는 녹색, 빨간색이 표시되는 라이트가 매달려 있어요. 주차장에 자동차를 주차하면 바닥에 있는 센서가 자동차가 주차되었다는 사실을 소프트웨어에게 알려줍니다. "소프트웨어야~ 자동차가 주차되었으니까, 빨간색 불 좀 켜줘!"

소프트웨어는 천장에 달린 라이트를 녹색에서 붉은색으로 바꾸고 주차 공간이 1개 줄어들었다고 계산합니다. 주차 공간이 많으면 소프트웨어는 전광판에 '여유'라고 표시하고, 공간이 부족해 차량이 많으면 '혼잡'이라고 표시하지요. 주차 공간이 없다면

'만차'라고 표시해 주차 공간을 찾아 헤매지 않고 다른 층으로 이동해서 주차할 수 있도록 도와주지요.

자동차에도 소프트웨어

바야흐로 융합의 시대입니다. 두 분야의 학문을 섭렵한 인재가 인정받는 시대가 왔지요. 기술도 마찬가지예요. 소프트웨어가 자동차, 비행기, 스마트폰 등에 두루두루 퍼지면서 소프트웨어와 기계가 결합되고 소프트웨어와 전자기기가 결합되는 융합의 시대가 되었답니다.

예를 들어 과거에는 소프트웨어가 컴퓨터에만 설치되었지만, 현재는 자동차의 부품을 컨트롤해서 자동차가 스스로 주차하고 운전할 수 있도록 자동차에도 소프트웨어가 사용된답니다.

자동차 곳곳에는 다양한 소프트웨어가 탑재되어 있어요. 자동차 앞면에는 차량 추돌을 예방하는 소프트웨어, 졸음운전을 감지해주는 소프트웨어가 있답니다. 타이어 공기압을 알려주는 소프트웨어도 있고요. 차량 위치를 알려주는 소프트웨어도 있습니다.

2014년 세계 가전 박람회에 자동차가 전시되었어요. 가전 박람회에는 주로 냉장고, 스마트폰 등이 전시되어야 하는데, 웬 자동차냐고요? 아우디 회장의 연설을 들어보면 왜 그런지 이유를 알 수 있어요. 아우디 회장은 "여러분! 자동차는 더 이상 화석연료로 움직이는 이동수단이 아닙니다. 가전과 통신, 첨단기술과 융합 중인 가장 큰 가전제품입니다"라고 선언했습니다. 이제는

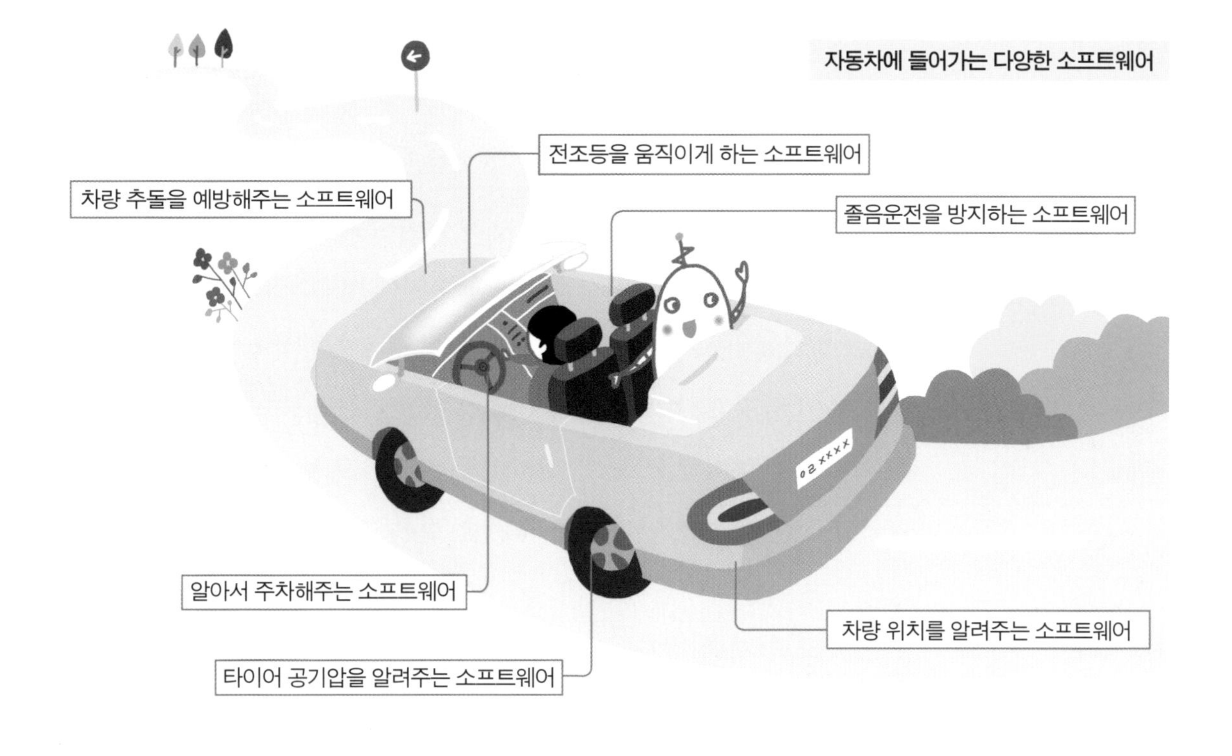

자동차를 '기계를 움직이는 발명품'으로 설명하기에는 부족할 것 같습니다.

사물 인터넷

전 세계적으로 사물 인터넷(IoT, Internet of Things)이 확산되고 있습니다. 인터넷(Internet)은 '사이에(inter)'와 '네트워크(net)'라는 말이 결합된 단어로, 네트워크와 네트워크 사이를 이어주는 기술을 의미합니다.

> **인터넷**
> '인터넷'은 Story 5 〈인터넷 바다 이야기〉에 깨알 같은 설명이 있어요.

전화기로 두 사람이 통화할 수 있듯이 두 대의 컴퓨터가 카카오톡으로 메시지를 주고받을 수 있는 것은 통신 기술 덕분이에요.

우리 집의 컴퓨터가 멀리 떨어진 서버와 연결되어 있기 때문에 네이버도 할 수 있고, 쿠팡도 할 수 있어요. 이것이 인터넷의 위력인데요. 한국에서 미국으로 전화할 수 있는 것처럼, 인터넷은 전 세계의 컴퓨터를 연결해주는 기술이에요.

www.daum.net과 같이 인터넷 주소를 보면 항상 www가 맨 앞에 붙어 있지요? WWW는 World Wide Web의 줄임말로 web은 거미줄을 의미해요. 단어의 의미를 이해하고 보니, '내 기술은 말이야~ 전 세계를 이어주는 거미줄 같은 기술이야!'라고 한껏 알려주는 느낌마저 듭니다.

얼마 전까지만 해도, 통신이라고 하는 것은 컴퓨터들끼리 혹은 스마트폰들끼리 데이터를 주고받는 것을 의미했지요. 이제는 IT 기술의 또 다른 세상이 펼쳐지고 있는데요. 바로 사물 인터넷! 사물 인터넷에서 '사물'은 컴퓨터, 냉장고와 같은 기기뿐만 아니라 사람도 포함하고 있어요.

가끔 미래를 상상하는 영화를 보면, 주인공이 집 안의 컴퓨터와 대화하는 모습이 그려지곤 합니다. 사물 인터넷 기술이 영화 속 상상을 현실로 앞당겨오는 듯하지요.

"책상의 노트북아~ 최신 음악 좀 틀어줘"라는 말을 컴퓨터가 이해하면 얼마나 좋을까요? 그럼, 어렵게 컴퓨터를 배울 필요도 없는 거잖아요!

"냉장고야~ 너 뭐하니", "세탁기는 빨래 잘하고 있지? 시간이 얼마나 남았어?"라는 말을 이해하는 냉장고와 세탁기가 있다면 얼마나 좋을까요?

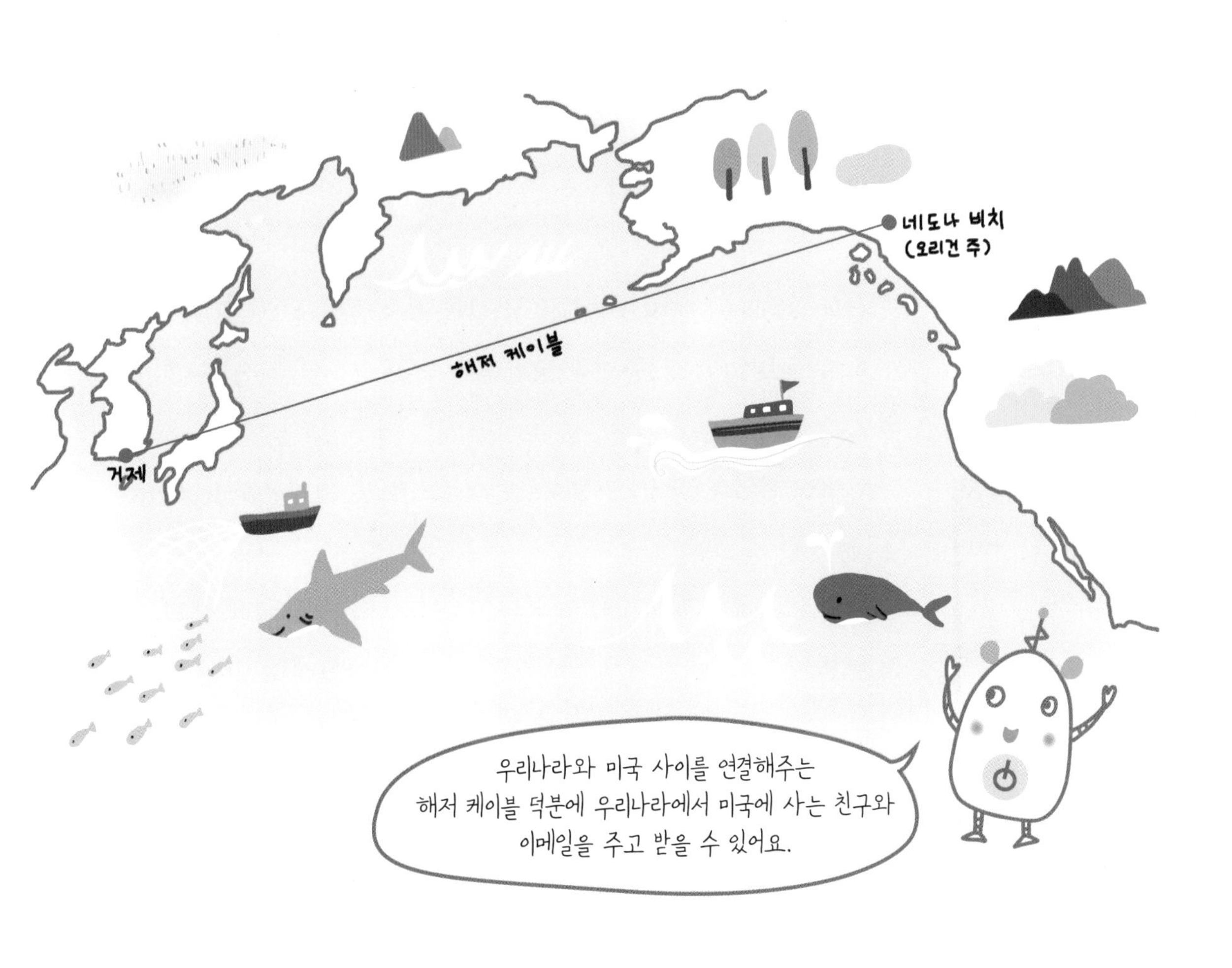
네도나 비치
(오리건 주)
해저 케이블
거제
우리나라와 미국 사이를 연결해주는
해저 케이블 덕분에 우리나라에서 미국에 사는 친구와
이메일을 주고 받을 수 있어요.

바로 이런 머릿속의 상상을 앞당겨줄 수 있는 기술이 '사물 인터넷'이랍니다. 사물 인터넷 시대에 걸맞게 LG전자는 '홈챗'이라는 서비스를 제공하고 있어요. 영화 속 모습처럼 집 안에서 냉장고, 세탁기와 대화할 수 있다는 의미로 'Home(집)'과 'Chat(수다)'이라는 단어를 모아서 사용하고 있군요. 스마트폰으로 '전체 상태'라고 '홈챗'에 카카오톡을 보내면 광파오픈, 냉장고, 에어컨이 줄줄이 보고를 합니다.

(스마트 광파오픈) 현재 빵반죽을 열심히 조리 중이에요~

(스마트 냉장고) 설정한 냉장실 온도는 0도, 냉동실 온도는 -24도예요.

(에어컨) 지금은 '냉방' 운전 중! 현재온도 26도, 희망온도 18도.

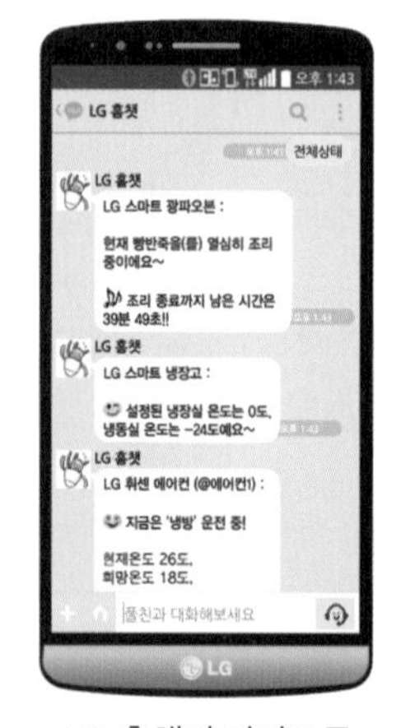

LG 홈챗의 카카오톡

스마트폰에서 메시지를 보낸다고 모든 가전제품들이 이 메시지를 이해할 수는 없어요. 스마트냉장고, 스마트세탁기 등과 같이 '스마트한' 가전제품들이나 가능한 이야기지요. 가전제품이 사람만큼이나 스마트해지지는 않겠지만, 컴퓨터와 같이 데이터를 서로 주고받고 에어컨 운전 상태, 냉장실 온도를 알려줄 수 있을 정도로는 똑똑해졌답니다.

인공지능을 활용한 알파고

인공지능(Artificial Intelligence)은 사람의 지능을 흉내 낸 소프트웨어입니다. 사람은 학습하고, 그 결과를 기초로 판단을 하는데요. 사람의 학습 과정처럼 컴퓨터도 학습을 할 수 있습니다. 기계에게 학습을 시킨다는 의미로 '기계학습' 또는 '머신러닝(Machine Learning)'이라고 부르지요.

인공지능은 소프트웨어와 하드웨어의 결합체입니다. 인간의 뇌 동작을 모방하여 소프트웨어로 구현하고, 인간의 뇌만큼 빠른 컴퓨터에서 소프트웨어를 실행해야 하지요. 소프트웨어가 방대한 자료를 입력받아 패턴을 분석하게 하는 학습 과정을 거친답니다.

우리 사회에 큰 충격을 안겨준 2015년 구글 알파고와 이세돌의 바둑 대결을 기억하나요? 세계 최고 바둑기사 이세돌과의 대결이었기에 전 세계 이목을 더욱 집중시켰습니다.

사람들은 대국이 시작되기 전, 단연코 이세돌이 인공지능을 이길 것이라고 예상했습니다. 바둑은 체스나 장기보다는 높은 지적 능력을 요구하기 때문에 아직은 인공지능에게는 무리라고 생각했거든요. 하지만 결론은 4 대 1로 알파고의 대승리.

알파고는 경기를 치르기 전에 방대한 양의 바둑 데이터를 학습하며 대국을 준비했습니다. 잘 알려진 좋은 수를 비롯해 아마추어들의 바둑기보 16만 건 등을 학습했다고 하니 프로급 선수라고 해도 무리가 없을 정도였지요. 경기가 진행되는 동안에는 바둑돌을 놓을 자리를 찾고, 승률이 높은 수를 그때그때 결정하면서 바둑을 두었다고 합니다.

전문가들은 인공지능을 강한 인공지능과 약한 인공지능으로 구분합니다. 이세돌을 이긴 알파고는 약한 인공지능인데요. 약한 인공지능은 일정한 순서와 틀이 정해진 업무에 적용이 가능하기 때문에 특정 분야에서만 활용되는 등 여러 가지 한계가 존재합니다. 반면, 인간의 두뇌처럼 학습하고, 문제를 해결하고, 감정을 느끼는 것이 가능한 강한 인공지능은 앞으로 20~30년 후에야 실현 가능한 이야기랍니다.

선진국들에 비해 인공지능에 대한 투자와 연구가 부족했던 시기에 알파고와 이세돌의 대국은 우리 사회에 강한 충격을 안겨준 사건이었습니다. 인공지능 연구의 중요성을 깨닫게 해준 것은 물론, 인공지능 연구에 대한 새로운 기운을 불어넣어주었습니다.

빅데이터를 활용한 넷플릭스

우리는 데이터가 가득한 빅데이터의 세상에 살고 있습니다. 지하철을 타며 교통카드를 단말기에 찍을 때, 페이스북에 글을 올릴 때, 인터넷 쇼핑몰에서 물건을 살 때 누가, 언제, 무엇을 했는지가 모두 데이터로 쌓이고 있지요. 이렇게 쌓이는 데이터의 양이 방대해지다 보니 'Big'이라는 단어가 수식어로 붙게 되었습니다. '빅데이터'는 'Big Data'를 소리 나는 대로 부르는 말이랍니다.

회사, 공공기관에서는 빅데이터 분석을 통해 고객의 구매 성향을 파악해 마케팅에 활용하기도 하고 공공서비스를 편리하게 개선하는 데 사용하기도 한답니다. 예를 들어 2014년에 서울시는 서울지역 밤 시간대 휴대전화 통화이력 데이터를 분석해 심야 버스 노선을 정했습니다(이런 통화이력 데이터가 엄청난 규모인지라 빅데이터라고 부르는 거예요).

여러분은 넷플릭스를 통해 영화를 즐겨보나요? 영화 스트리밍 서비스를 제공하는 '넷플릭스'라는 회사는 인공지능과 빅데이터를 잘 분석해 꽤나 성공한 기업으로 알려져 있습니다. 어떻게 빅데이터를 활용했는지 궁금하다고요? 성공 비결을 소개해보겠습니다.

넷플릭스는 고객을 더 잘 이해하기 위해 빅데이터를 분석했습니다. 고객이 어떤 영화를 봤는지, 재생하다가 중지한 영화는 무엇이었는지 등을 분석해 고객의 취향을 정확히 파악하려고 했지요.

새로운 영화에 대한 데이터를 모으기 위해 영화가 입고되면

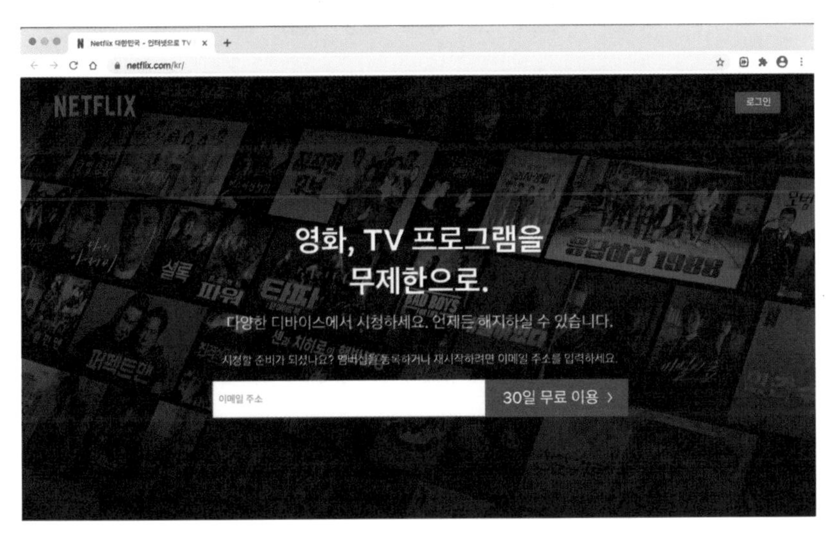

넷플릭스

넷플릭스 콘텐츠팀에서 영화를 일일이 감상해 태그를 최대한 많이 뽑아내는 과정을 거쳤다고 합니다. 예를 들어 〈기생충〉에서 반지하, 오스카, 감동, 송강호, 코미디, 스릴러 등과 같은 키워드를 정리하는 식이죠. 이렇게 쌓인 빅데이터에 인공지능 기술을 더하면서 개개인의 취향에 맞는 영화 추천이 가능해졌고, 이것이 넷플릭스가 성공하게 된 배경이 되었답니다.

블록체인을 활용한 비트코인

비트코인은 실물 없이 컴퓨터 기록으로 화폐를 사용할 수 있는 디지털 가상화폐입니다. 지폐나 동전처럼 손에 잡히는 무언가가 없기 때문에 '가상'이라는 말을 사용합니다.

bitcoin

그렇다면 어떻게 가상으로 돈을 다른 사람에게 줄 수 있을까요? 항상 가상의 것은 소프트웨어가 위력을 발휘합니다. 다른 사람에게 비트코인을 보내고 싶다면, 전자지갑이라는 소프트웨어를 이용하면 되거든요. 받을 사람의 비트코인 주소와 금액만 적으면 되니 간단합니다.

비트코인에는 중앙에서 통제하고 관리하는 은행이 없습니다. 은행이 없다면 무엇을 믿고 비트코인을 사용할 수 있는 걸까요?

바로 비트코인을 지탱하는 블록체인 기술이 있기 때문입니다.

'블록체인'에서 '블록'은 이체 등 거래내역을 의미하는데요. 새로운 블록을 만들 때 이미 만들어진 블록과의 연결고리(체인)를 만드는 것이 이 기술의 특징이지요. 이 블록들이 다수 컴퓨터로 공유되기 때문에 거래 과정의 투명성을 보장할 수 있답니다. 또한 거래 사실만 공유되고, 누가 보냈는지는 공유되지 않기 때문에 개인의 금융 정보가 새어나갈 염려가 전혀 없지요.

악의적인 목적으로 누군가가 블록을 변경하면 다른 사람에게 공유된 모든 블록에 영향을 미치기 때문에 변경의 성공 가능성은 매우 희박합니다. 이것이 정부가 개입하지 않아도 비트코인을 안전하게 사용할 수 있는 가상화폐의 중요한 암호화 기술이지요.

금융 서비스의 편리함과 안전성을 위해 블록체인 기술이 확산되고 있습니다. 카카오페이에서 블록체인 기술을 이용해 '카카오페이 인증' 서비스를 시작했고, 금융권에서도 편리한 금융 서비스를 위해 블록체인 기술을 사용하는 등 블록체인이 우리 생활 곳곳을 변화시키고 있습니다.

컴퓨터 가족 이야기

컴퓨터는 모니터, 본체, 키보드, 마우스 등으로 이루어져 있어요. 컴퓨터의 겉모습은 매일 보아 알지만, 컴퓨터 내부는 어떤 모습일까요?

컴퓨터의 본체를 열어보면 복잡하게 보이는 부품들이 있어요. 본체 안의 부품들은 가족 구성원들이 모인 것처럼 서로 협동하며 살고 있답니다. 본체 안에는 구성원들을 끈끈한 정으로 묶어주는 엄마, '마더보드(mother board)'가 있어요. 메인보드라고도 불리는 이 기판에는 CPU, 메모리, 하드디스크, 그래픽 카드, 네트워크 카드 등이 옹기종기 붙어 있지요.

엄마가 자식들을 끌어안아 보살피듯이 마더보드라는 기판에 CPU, 메모리, 하드디스크 등이 장착되어 서로 대화를 나누게 되지요. 이들 자식들은 엄마를 도와서 해야 할 일이 있답니다. 자식들이 하는 일이 무엇인지 이제부터 알아볼게요.

마더보드

마더보드에서 보드(board)는 '기판', '판'의 의미를 가지고 있어요. 이 기판에 CPU, 메모리, 네트워크 카드 등을 꼽아서 사용해요.

11

생각할 줄 아는 그대여! CPU

컴퓨터로 인터넷을 하고, 이메일을 보낼 수 있는 것은 사람의 뇌와 같은 CPU가 있기 때문이지요. CPU는 중앙처리장치(Central Processing Unit)를 줄여서 부르는 말이에요. 우리말로 쉽게 풀어보면, 중앙처리장치는 '중앙'에서 일을 처리하는 장치입니다. 마치 오케스트라의 지휘자 역할을 하는 녀석이에요. 지휘자가 지휘봉으로 바이올린 연주가들에게 시작 신호를 보내면 바이올린 연주가 시작되고, 플룻 연주가들에게 신호를 보내면 플룻의 소리가 흘러나오듯 CPU는 사용자가 내린 명령을 처리하기 위해 중앙에서 장치들에게 신호를 보낸답니다.

우리 몸이 뇌의 신호에 의해 움직일 수 있는 것처럼 컴퓨터도 CPU의 신호에 의해 동작하고, 컴퓨터의 모든 일이 CPU에 의해 중앙에서 관장되고 있지요.

우리가 모니터에서 사진을 볼 수 있는 것도 CPU가 중앙에서 모니터에게 "모니터야! 메모리에 있는 그림을 모니터에 보여줘!"

IBM 80386 CPU(1988년 출시)

AMD Athlon X2 CPU
(2005년 출시)

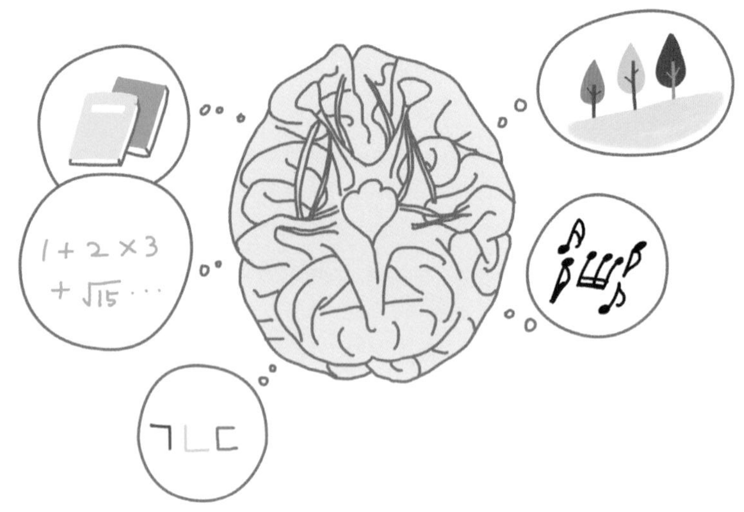

라는 명령 신호를 보냈기 때문이지요. 이렇게 CPU는 다른 장치들에게 무엇을 해야 하고, 언제 해야 하는지 신호를 보내는 녀석이에요. 사람의 뇌가 우리 몸 전체를 관장하듯이 CPU도 컴퓨터 전체를 컨트롤한답니다.

우리가 키보드로 입력한 글자가 모니터 화면에 나타나는 것도, CPU가 중앙에서 관장했기 때문에 그런 거예요. 우리 몸이 뇌의 신호를 받아 움직이듯 컴퓨터의 모든 일이 CPU를 거쳐야만 처리될 수 있어요.

컴퓨터의 두뇌, CPU

똑같은 일을 1시간 만에 처리하는 사람이 있는가 하면, 2시간 후에나 끝내는 사람도 있어요. 컴퓨터도 마찬가지로, 속도가 느린 컴퓨터가 있는가 하면 빠른 컴퓨터도 있지요. 컴퓨터 속도를 좌우하는 것은 바로 CPU인데요. CPU가 빠르다는 것은 사람에 비유하면 '머리 회전이 빠르다'라고 말할 수 있어요. CPU 속도를 표시하기 위해 'Hz(헤르츠)'라는 단위를 사용합니다. CPU 속도가 빠를수록 숫자가 높답니다. 예를 들어 CPU 2.13GHz(기가헤르츠)는 1.86GHz보다 빠른 CPU라고 말할 수 있어요.

> **Hz(헤르츠)**
>
> Hz(헤르츠)는 음파, 전파 등의 파동이 1초 동안 몇 번 발생했는지 알려주는 단위예요.
>
> GHz는 '기가 헤르츠'라고 읽습니다.
>
> 컴퓨터에서 사용하는 Hz 단위는 1초 동안 실행되는 명령어 사이클(클럭) 수를 의미하지요.
>
> CPU 속도가 2.13GHz이면 1초에 약 21억 개의 명령어 사이클이 실행되는 거예요. 컴퓨터의 단위를 보면 컴퓨터의 속도는 인간의 속도와 정말 다르다는 생각이 듭니다. 사람의 속도는 보통 1시간을 기준으로 얼마나 많은 일을 했는지 계산하지만, 컴퓨터는 1초를 단위로 속도를 계산하니까요.

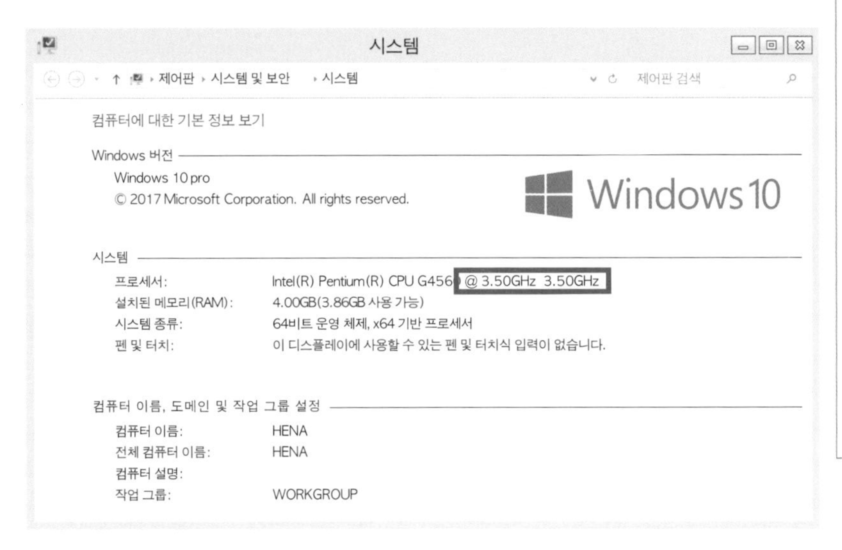

위 그림에서 컴퓨터 정보를 보면, '프로세서'라고 표시하고 있는데요. CPU를 말하는 거예요. IT 세계에서는 CPU와 프로세서라는 말을 혼용하고 있어요.

우리가 회사에서 일하는 상황을 생각해보려고 해요. 해야 할 일이 한 개만 있다면 하루 종일 그 일만 하면 되겠지만, 일이 두 개, 세 개 쌓이면 시간을 쪼개서 여러 일을 처리해야 하지요.

컴퓨터도 마찬가지예요. 우리가 컴퓨터에서 음악을 틀고 인터넷을 실행하면, CPU 입장에서는 동시에 두 일을 해야 하므로, 이때부터 시간을 쪼개서 일을 처리한답니다.

어떻게 시간을 쪼개서 일을 할까요? 예를 들어 설명해볼게요. 식당에서 똑순이 주인은 음식 나르는 서빙도 해야 하고 돈 계산도 해야 해요. 주인은 서빙, 돈 계산, 서빙, 돈 계산을 왔다 갔다 하면서 음식을 기다리는 손님과 돈을 계산하려는 손님이 기다리지 않도록 시간을 적당히 배분해서 일을 한답니다.

CPU의 일 처리 방식도 이와 닮았어요. CPU에게 두 가지 일이 주어지면, CPU는 두 작업을 번갈아 하면서 처리한답니다. 다만, CPU의 처리 속도가 매우 빠르기 때문에 사용자가 보기에는 두 작업이 동시에 실행되는 것처럼 느끼는 거죠.

제 아무리 뛰어난 능력자라고 하더라도 해야 할 일이 많아지게 되면 처리 속도가 늦어질 수밖에 없죠. 이때부터 일의 우선순위를 정해 급한 일부터 먼저 처리하고, 중요하지 않은 일은 뒤로 미루기도 한답니다. 즉 CPU도 계획을 짜서 일을 처리하는 거예요. 계획을 짜는 것을 '스케줄링(scheduling)'이라고 말하는데요, 우선순위가 높은 일을 먼저 처리하도록 스케줄링하는 것을 '우선순위 스케줄링'이라고 부르고 있어요.

스케줄링

CPU 스케줄링에는 여러 가지가 있어요. 자세한 내용은 운영체제 관련한 책을 읽어보면 도움을 얻을 수 있을 거예요.

식당 주인은 손님들이 집중되는 점심시간에는 직원을 더 고용해 손님들이 기다리지 않도록 합니다. 일할 수 있는 사람이 많아지면 당연히 더 빨리 서빙을 할 수 있기 때문이죠. 컴퓨터도 마찬가지예요. 작업을 빨리 처리하기 위해 CPU 안에 있는 '코어

(core)'를 늘리고 있어요. 코어는 반도체 회로를 말한답니다.

CPU에 여러 개의 코어가 장착되어 있으면 '멀티코어'라고 불러요. 코어의 수가 2개라면 '듀얼코어 CPU', 4개라면 '쿼드코어 CPU'라고 한답니다. 흠, 그런데요. 1개의 CPU로 속도를 높일 수 있는 방법은 없었을까요? 초창기에 CPU의 속도를 높이기 위해 많은 노력을 했었는데요. 발열이 너무 심해 컴퓨터가 뜨거워졌고, 뜨거워진 컴퓨터를 식히기 위해 선풍기(팬)를 달았지만, 선풍기가 돌아가는 소리에 시끄러워지는 등 한계에 부딪쳤어요. 이때부터 개발회사들은 코어 수를 늘리기 시작했답니다.

듀얼과 쿼드

듀얼(dual)은 2개란 뜻이고요. 쿼드(quad)는 4개란 뜻을 가진 영단어랍니다.

x86과 x64

CPU 이름이 286, 386, 486과 같이 86으로 끝나서 이들 CPU를 x86이라고 부르는 거예요.

프로그램을 다운로드 받을 때 x86이라고 되어 있으면 32bit 운영체제에 설치할 수 있다는 의미이고요. x64라는 표시가 있으면 64bit 운영체제에 설치할 수 있다는 의미예요.

컴퓨터의 CPU를 만드는 회사는 인텔과 AMD가 있어요. 두 회사의 CPU가 전 세계적으로 많이 사용되고 있답니다.

CPU, 너에게 이름을 선물하노라

한때 TV 광고문구에 등장하면서 우리 귀에 익숙한 이름 '펜티엄'을 기억하나요? 펜티엄은 CPU에 붙여진 이름입니다.

1982년 인텔은 80286이라는 이름의 CPU를 출시했고, 이 CPU가 탑재된 컴퓨터를 286 PC라고 불렀어요. 성능이 개선된 CPU를 출시하면서 80386과 i486이라는 이름을 붙였는데요. 286, 386, 486에서 첫 번째 숫자만 달라지는 인텔 CPU를 x86 CPU라고 부르고 있어요.

사람들은 인텔의 차세대 CPU의 이름을 586으로 기대했었는데요. 기대와는 달리 '펜티엄'이라는 이름의 CPU가 탄생했어요(1993년). 펜티엄(Pentium)은 다섯 번째를 뜻하는 'Penta', 인텔을 의미하는 'i', 광물의 이름 뒤에 붙이는 'um'이 합쳐진 단어예

요. 반도체가 광물로 만들어지기 때문에, 광물에 쓰이는 접미사 um을 붙였다고 해요. 펜티엄 CPU는 i486 CPU보다 2~3배 속도가 빨라졌답니다.

CPU 속도를 높이기 위해 코어 수를 높이는 노력이 시작되면서, 2006년부터 '코어' 브랜드가 등장하기 시작했어요.

현재는 i5, i7이라는 이름으로 CPU가 판매되고 있는 가운데, '펜티엄'이라는 이름은 우리 기억 속에서 점점 사라지고 있습니다.

여기서 잠깐!

2013년 삼성은 스마트폰의 광고에 "8개 두뇌로 끊김 없이 오래오래 옥타코어"라는 문장으로 스마트폰의 성능 개선을 홍보한 적이 있는데요. 8개의 코어가 장착되어 있어 '옥타'라는 수식어와 코어를 상징하는 '두뇌'라는 단어가 사용된 것이랍니다.

12

잠깐만 기억해도 용서해줘~ 메모리

컴퓨터에서 메모리는 중요한 역할을 하는 녀석이에요. 컴퓨터 전원을 켜는 순간부터 전원을 끄는 마지막까지 CPU는 항상 메모리를 사용한답니다.

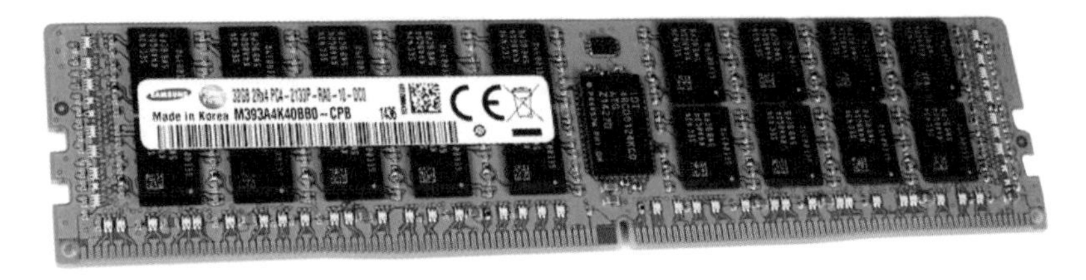

삼성전자 메모리

우리가 컴퓨터 전원을 켜면, 컴퓨터는 ROM(롬)이라는 메모리에서 데이터를 읽어오고 하드디스크, 메모리 등 장치들이 잘 동작하는지를 검사해요. 학교에서 출석 체크를 하는 것처럼 장치들이 잘 연결되어 있고 동작에 문제가 없는지를 확인하는 거랍니다.

그런 다음 ROM에서 기본적인 정보를 읽어옵니다. 저장장치가 무엇인지, 부팅 순서는 어떻게 되는지 등에 대한 정보를 가져오는

저장장치

저장장치란 데이터를 저장할 수 있는 장치를 부르는 말이에요. 메모리, 하드디스크, CD, DVD 등이 모두 저장장치예요.

부팅

부팅(booting)은 컴퓨터 전원을 켠 후 운영체제가 실행되는 과정을 말해요. 본문 78쪽에 설명이 나와 있답니다.

ROM

ROM은 전원이 나가도 데이터가 사라지지 않기 때문에 '비휘발성 메모리'라고 불러요.

것이지요. 여기서 사용하는 ROM(롬)은 'Read Only Memory'인데요. 읽기만 가능한 메모리로 컴퓨터 전원이 나가도 메모리에 저장된 내용이 사라지지 않기 때문에 운영체제를 구동하기 위해 필요한 정보를 담아놓는답니다.

컴퓨터 전원이 켜지면 RAM(Random Access Memory)이라고 불리는 메모리는 비어 있는 상태입니다. 왜 그러냐고요? 지난밤 컴퓨터 전원을 꺼놓았기 때문에 RAM(램)에 저장된 데이터가 모두 사라졌기 때문이에요.

컴퓨터 전원과 함께 RAM에 저장된 데이터가 수증기처럼 증발해버리기 때문에 '휘발성 메모리(volatile memory)'라고 부르고 있어요. 우리가 일반적으로 '메모리'라고 부르는 녀석이 바로 RAM이에요.

CPU는 ROM에서 읽은 정보로 어떤 프로그램을 실행해야 하는지, 이 프로그램이 하드디스크 어디에 있는지 알게 됩니다. CPU는 ROM에서 필요한 정보를 읽어온 후 ROM과 작별인사를 합니다. "ROM! 그동안 고마웠어. 덕분에 운영체제를 부팅할 수 있는 정보를 알게 되었어. 앞으로는 RAM과 일해야 해, 잘 지내~" 이제 CPU는 컴퓨터의 전원이 꺼질 때까지 RAM과 함께 일을 해야 합니다.

CPU는 부트로더(bootloader)라고 불리는 꼬마 프로그램을 부릅니다. "이봐, 꼬마 프로그램! 운영체제를 실행할 수 있는 녀석이 바로 너라며? 운영체제를 어서 메모리에 올려줄래?" 꼬마

프로그램이 운영체제를 RAM에 올려놓으면 이제부터는 운영체제가 알아서 스스로 컴퓨터를 진두지휘하기 시작하지요.

컴퓨터 전원을 켠 후 운영체제가 실행되는 과정을 '부팅'이라고 해요. 윈도우 10과 같은 운영체제가 시작되면, '따라라라라~' 하는 경쾌한 소리를 들을 수 있죠. 운영체제가 실행되면 인터넷도 할 수 있고, 게임도 할 수 있게 되는데요. 컴퓨터에서 어떤 프로그램을 실행하던지 간에 프로그램은 항상 RAM이라는 메모리에 올려져야(적재되어야) 해요. 하지만 컴퓨터 전원을 끄자마자 메모리의 모든 내용이 사라진다는 점 잊지 마세요.

그런데 '부팅(booting)'이란 용어는 어디서 시작된 것일까요? boot는 목이 긴 신발을 의미하는데요, 운영체제가 실행되는 과정을 왜 부팅이라고 부르는 걸까요? 부츠에는 신발을 꽉 잡아주는 신발끈(strap)이 있지요? 이 신발끈을 영어로는 bootstrap이라고 하는데, 바로 이 신발끈에 힌트가 있답니다.

영어 속담에 'to pull oneself up by one's bootstraps'라는 표현이 있어요. 의미를 해석해보니 왠지, 어려운 일을 헤쳐 나갈 때 신발끈을 꽉 잡아당겨 신발을 단단히 묶는 상황이 머릿속에 그려집니다. 이 속담은 어렵고 불가능한 일을 혼자 힘으로 해냈다는 뜻을 담고 있어요.

부트스트랩(bootstrap)이라는 이름은 컴퓨터가 개발되던 초기부터 사용되었어요. 컴퓨터 전원을 켜면 꼬마 프로그램(boot loader)이 혼자 힘으로 복잡하고 큰 운영체제를 메모리에 올려놓는 과정을 보면서 부트스트랩을 연상했다고 해요. 그래서 컴퓨터 전원을 켠 후 거대한 소프트웨어인 운영체제가 실행되기까지의 과정을 부트스트랩핑(bootstrapping)이라고 표현한 거예요. 줄임 말로 '부팅'이라고 부르고 있지요.

메모장
윈도우 운영체제에서 기본적으로 제공되는 프로그램이에요. 아주 간단한 프로그램인데요. 글자만 입력할 수 있고, 표, 도형, 그림 등은 입력할 수 없어요.

메모장 프로그램을 이용해 예를 들어볼게요. 메모장 프로그램에서 글을 작성하고 있으면 이 글은 RAM이라는 메모리에 올

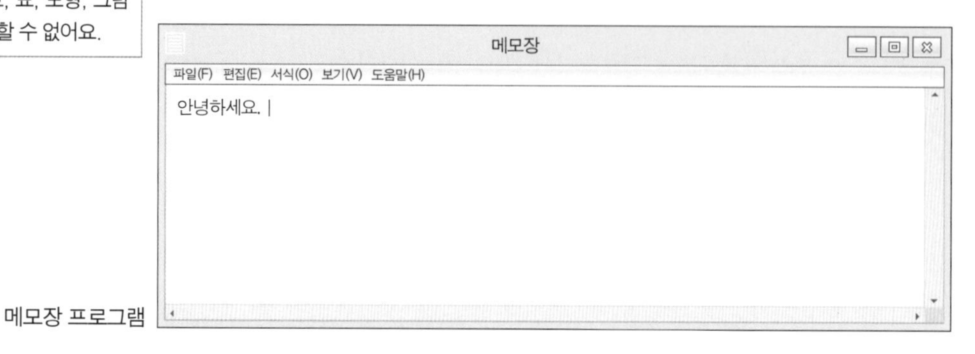

메모장 프로그램

려져 있어요.

만약, 글 내용을 저장하지 않고 메모장 프로그램 창을 닫으면 "작성한 내용을 저장하실래요?"라고 묻는 메시지창(아래 그림)이 나타납니다. 이때 '저장 안 함' 버튼을 클릭하면 메모장의 글은 하드디스크에 저장되지 않고 프로그램이 종료되지요. 그리고 곧 메모리에 저장된 글도 사라지게 됩니다.

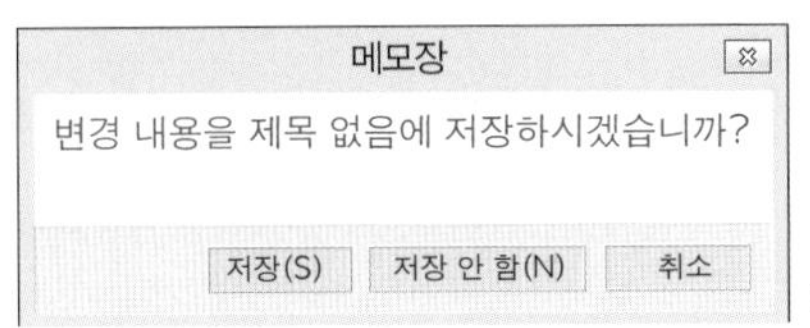

메시지창

메모장에서 글을 작성하는 도중에 갑자기 정전이라도 발생하면, 메모장의 글은 모두 사라지게 됩니다. 메모리에 있는 모든 데이터는 전원이 공급되지 않으면 사라지기 때문이지요. 작성 중인 글이 사라지지 않도록 하기 위해서는 반드시 프로그램의 '저장' 기능을 실행해야 해요.

저장의 의미

CPU는 HDD(하드디스크)에서 처리할 데이터를 가져와 RAM에 올려놓고 일해요. 프로그램에서 '저장'이라는 기능을 사용하면 RAM에 있는 데이터를 HDD로 옮겨 저장한답니다.

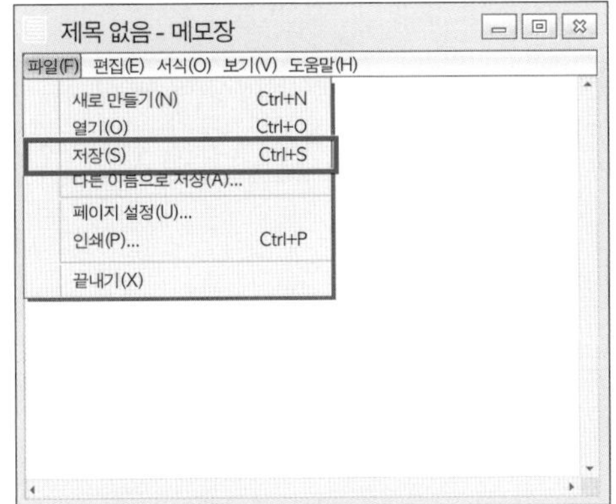

메모장에서 저장하기

속도의 싸움: 메모리 vs 하드디스크

그렇다면 왜 번거롭게 기억장치를 메모리(RAM)와 하드디스크(HDD) 두 개로 나눠서 사용하는 걸까요? 메모리를 사용하지 않고 하드디스크만 사용하면 안 되는 것일까요? 그 이유는 비용과 속도에 있어요.

우리가 30분 전에 배운 내용을 다시 기억해내는 것은 1초도 걸리지 않아요. 하지만 30일 전에 배운 내용을 기억하기 위해서는 공책을 들춰봐야 하기 때문에 10분 이상의 시간이 필요하죠. 메모리에 저장된 데이터는 머릿속 기억을 생각해내는 것과 같지만, 하드디스크에 저장된 데이터는 공책을 들춰봐야 하는 것과 같아요. 그래서 메모리 속도가 하드디스크보다 훨씬 빠르답니다.

CPU의 속도는 사람의 두뇌 속도만큼이나 매우 빠르지요. 사람의 행동이 생각의 속도를 따라가지 못하는 것처럼 CPU도 그렇지요. 사람의 뇌에 해당하는 CPU는 빠른 속도로 일할 수 있지만, 하드디스크에서 기록한 내용을 가져오는 속도는 상대적으로 매우 느린 편이에요. 재빠르게 일하는 CPU가 하드디스크에 저장된 내용을 매번 읽어오자니 속이 터져 일을 못할 정도이지요. 그래서 CPU는 하드디스크에 저장된 내용을 메모리에 올려놓고 일을 처리하는 것이랍니다.

13

메모리의 위계질서

컴퓨터에서 사용하는 메모리가 ROM과 RAM만 있는 것은 아니에요. 이 밖에도 레지스터, 캐시 등 메모리가 있는데요. 이렇게 여러 가지 메모리가 등장하게 된 이유는 CPU와 RAM의 속도 차이를 극복하기 위해서입니다. RAM이 하드디스크보다 빠르긴 하지만, 그래도 CPU의 속도를 따라갈 순 없거든요. RAM과 CPU의 속도 차이를 극복하기 위해 레지스터와 캐시를 사용하고 있어요.

이런 질문을 하는 분도 있을 것 같아요. "RAM을 안 쓰고 레지스터처럼 빠른 메모리를 쓰면 안 되나요?"라고요. 레지스터를 마음껏 사용하지 못하는 이유는 가격 때문이에요. 레지스터는 속도가 빠르다는 장점이 있지만 가격이 꽤 비싸거든요.

이제 CPU와 RAM 사이에 위치한 레지스터와 캐시에 대해 이야기할 차례가 되었네요.

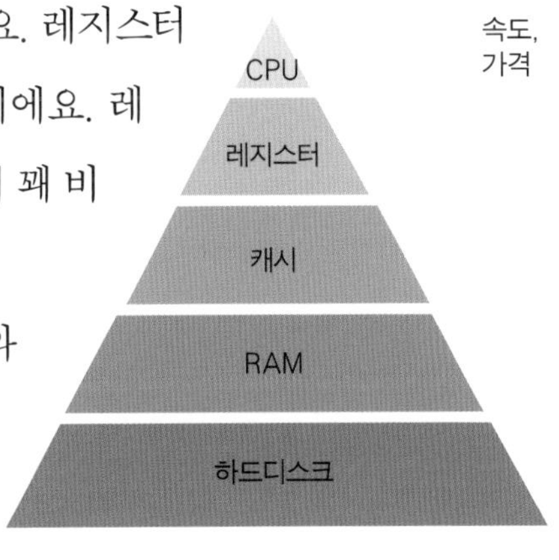

CPU
레지스터
캐시
RAM
하드디스크
속도, 가격

14

레지스터와 캐시

컴퓨터에서 프로그램을 실행하기 위해서는 무조건 RAM에 프로그램을 올려야 해요. 프로그램이란 명령어의 모음을 말하는데, CPU가 명령어들을 차례대로 처리해주면 화면에 그림도 나타나고, 마우스의 움직임도 모니터에 표시할 수 있어요.

CPU가 프로그램을 RAM에 올려놓고 일을 하지만, RAM에서 데이터를 읽어오는 속도는 CPU의 일하는 속도에 비하면 느려서 속이 터질 정도랍니다. 나름 능력자인 CPU는 느려터진 RAM 때문에 더 많은 일을 할 수 있는데도 불구하고 대기하는 상황이 벌어지고 말죠!

"RAM! 너 때문에 능력자인 내가 놀고 있잖아."

RAM과 CPU의 속도 차이를 극복하기 위해 CPU 안에는 레지스터(register)라는 아주 작고 속도 빠른 기억장치가 있어요. 레지스터는 CPU 옆에 조수처럼 붙어서 CPU가 필요한 명령어와 데이터를 착착 준비하고 있는 녀석입니다. 레지스터는 남부럽지 않은 속도를 자랑하는 메모리인데요. CPU의 일하는 속도를 따라잡을 수 있을 정도로 상대적으로 수준급이지요. 하지만 좋은 것은 항상 비싸다는 현실이 있죠. RAM을 레지스터로 교체하면 좋겠지만, 상당히 비싼 레지스터를 넉넉하게 사용하지 못하고 꼭 필요한 크기로 레지스터를 만들어 사용하는 거예요. 레지스터 크기가 얼마나 되냐고요? 범용 레지스터의 경우 32비트, 64비트예요. 4GB RAM과 비교하면 바닷물에 물 한 방울 정도가 될 거 같네요.

레지스터는 CPU와 RAM 사이에 위치하고 있어서 CPU가 필요한 데이터를 RAM으로부터 가져와 레지스터에 담아놓고 기다리고 있는답니다. 예를 들어 CPU가 '두 숫자 더하기' 명령을 처리하려면 더할 숫자를 RAM으로부터 가져와야 하기 때문에 이 시간 동안 CPU가 기다려야 해요. 하지만 속도 빠른 레지스터 덕분에 기다릴 필요가 없어집니다. 두 개의 숫자를 RAM에서 미리 가져와 레지스터에 담아놓고, "CPU 님! 숫자 준비됐습니다"라고 알려주기 때문이죠. 어때요? 이제는 CPU가 한가할 틈이 없겠죠?

레지스터는 목적에 따라 여러 가지 종류로 나뉘는데요. 32bit 운영체제 또는 64bit 운영체제라고 불리게 된 주인공이 바로 범용 레지스터(General Purpose Register)랍니다. 범용 레지스터의 크기가 32비트라면 32비트 컴퓨터라고 부르고, 64비트라면 64

레지스터

레지스터 종류에는 데이터 레지스터, 주소 레지스터, 범용 레지스터, 특수목적 레지스터, 부동소수점 레지스터 등이 있어요.

비트 컴퓨터라고 부르는 거예요.

당연히 64비트가 32비트보다 큽니다. 비트 수는 물을 퍼 나르는 물동이의 크기로 생각할 수 있어요. 물을 퍼 나르는 그릇이 크다면 물을 더 빠르게 나를 수 있겠죠? 64비트 컴퓨터가 32비트 컴퓨터보다 빠른 이유가 바로 이것 때문이에요.

이제 캐시 이야기를 해볼까 합니다. 왜 갑자기 캐시냐고요? 앞에서 CPU, 레지스터와 RAM의 관계를 설명했는데요. 캐시도 CPU와 RAM 속도 차이를 극복하는 데 도움을 주는 메모리예요. 영어로는 'cache'라고 하고 '임시저장소'라는 의미를 가지지요.

CPU가 필요한 데이터를 RAM에서 미리 가져와 레지스터에 담아놓긴 하지만, RAM에서 데이터를 찾아오는 것은 역시나 긴 시간이 걸리는 작업이에요. 그래서 캐시를 레지스터와 RAM 사이에 두어 사용하고 있어요. 캐시는 레지스터보다는 속도가 느리지만 RAM보다는 훨씬 빠르답니다.

카카오톡에서 대화창을 유심히 살펴보면 최근에 카톡을 나눈 사람과의 대화창이 맨 위로 올라오지요. 이렇게 대화창이 맨 위에 있으면 다음에 카톡을 보낼 때 빨리 그리고 쉽게 대화창을 찾을 수 있어서 시간을 절약할 수 있어요. 최근에 대화를 나눈 사람과 앞으로도 자주 대화를 나누게 될 테니, 카카오톡의 대화창 배치도 나름 이유가 있답니다.

캐시도 이러한 생각이 담긴 녀석이에요. 캐시에는 최근에 사용했거나 자주 사용하는 데이터를 기록해두고 있어요. 그래서 CPU가 필요한 데이터가 있으면 먼저 캐시를 뒤져본답니다. 캐시에 필요한 데이터가 있으면 데이터를 빠른 속도로 가져올 수 있으니 CPU 입장에서 아주 행복한 일이지요. 하지만 캐시에 데이터가 없다면 RAM에서 데이터를 가져와야 하는 슬픈 상황에 부딪칩니다. 캐시에 필요한 데이터가 있으면 'cache hit', 캐시에 데이터가 없으면 'cache miss'라고 해요.

캐시를 사용하게 된 이유는 '데이터 지역성(data locality)'이라는 특징 때문이에요. 데이터 지역성이란 과거에 자주 사용되었던 데이터가 앞으로도 또 사용될 수 있고, 최근에 사용된 데이터가 앞으로도 또 사용될 수 있으니 좁은 범위의 데이터가 주로 사용된다는 말이지요. 그러니 이러한 데이터를 속도 빠른 캐시에 보관해놓으면 RAM에 접근해야 하는 횟수가 줄어들 테고, 당연히

RAM에서 데이터를 찾기 위해 CPU가 일을 못하고 기다리는 상황은 줄어들겠죠.

컴퓨터가 만들어졌던 초기에는 캐시를 한 개만 사용했는데요. 요즘은 캐시의 개수가 늘어나고 있어요. 그래서 요즘 CPU 사양을 보면 L1 캐시, L2 캐시 등 여러 개의 캐시가 있는 것을 확인할 수 있어요.

15

오랫동안 기억해줄게! 하드디스크

사람들의 지식과 경험은 머릿속에 기억되지만, 시간이 지남에 따라 머릿속 기억들도 잊히기 마련이지요. 우리는 오랫동안 기억하기 위해서 사진을 찍거나 메모장에 기록을 남깁니다. 컴퓨터도 마찬가지로 메모리의 기억을 오랫동안 저장하기 위해 하드디스크를 사용합니다.

오피스 워드를 실행해서 편지글을 작성하고 있는데 정전 때문에 컴퓨터 전원이 갑자기 꺼지게 된다면 지금까지 작성했던 편지가 사라지게 되지요. 왜 그러냐고요? 오피스 워드에서 작성 중인 내용은 RAM 메모리에 저장되는데요. RAM에 보관된 편지글은 컴퓨터 전원이 꺼지는 순간 사라지기 때문이지요.

편지글을 영원히 기록해두기 위해서는 하드디스크에 저장해야 해요. 하드디스크는 전원이 공급되지 않아도 데이터가 사라지지 않으니까요. 하드디스크에 데이터를 영구히 저장하기 위해서는 프로그램에서 '저장' 버튼을 마우스로 클릭해야 해요. 그래야 메모리에 있는 데이터가 하드디스크로 기록됩니다.

여기서 한 가지 궁금한 점이 생깁니다. 하드디스크(HDD)는 'hard disk drive'를 말하는데요, 왜 '하드(hard)'라는 단어를 붙인 것일까요? 그럼, 소프트(soft) 디스크도 있는 것일까요?

과거에는 소프트(soft)한 디스크가 있었어요. 바로 '플로피디스크'인데요. 플로피디스크는 원판이 얇은 플라스틱 재질로 만들어져서 쉽게 휘어지는 것에 반해, 컴퓨터에 장착된 하드디스크의 원판은 금속 재질로 되어 있어 딱딱해요. 하드디스크의 딱딱한 느낌이 'hard'라는 단어에 담겨 있어요.

하드디스크 (HDD)

플로피디스크

주기억장치와 보조기억장치

프로그램을 실행하기 위해서는 모든 데이터가 RAM에 올려져(적재되어) 있어야 하기 때문에 컴퓨터 전원이 꺼질 때까지 CPU

는 RAM을 사용한답니다. CPU가 주로 사용하는 메모리이기 때문에 RAM을 '주기억장치(main memory unit)'라고 합니다. 하지만 RAM의 데이터는 컴퓨터 전원이 꺼지면 증기처럼 증발해버리기 때문에 하드디스크에 반드시 저장해야 하지요. 하드디스크는 '보조기억장치'라고 부르는데 주기억장치보다는 속도가 느리지만 용량이 꽤 크답니다. 최신 컴퓨터의 RAM 크기는 4~32GB(기가바이트)이지만, 하드디스크의 크기는 1~3TB(테라바이트) 정도이니 하드디스크가 엄청 크긴 하죠.

메모리 vs 하드디스크의 쓰임새

메모리와 하드디스크의 쓰임새를 신발 매장을 비유로 설명해볼게요. 신발 매장에서는 인기가 많은 신발을 진열대에 올려놓고 판매합니다. 진열대 공간이 넓지 않으므로 인기가 많지 않은 신발은 창고에 보관하고 있다가, 손님이 찾으면 그제야 창고에서 가져옵니다. 손님이 매장에 있는 신발을 찾으면 빨리 가져다줄 수 있지만, 매장에 없는 신발은 창고까지 가서 찾아와야 하니 시간이 오래 걸릴 수밖에 없죠. 여기서 매장 진열대는 컴퓨터의 메모리에 비유할 수 있고, 창고는 하드디스크로 비유할 수 있지요. 손님이 신발을 사려고 하면 점원은 결제를 위해 계산대에 신발을 올려놓는데요. 계산대가 바로 레지스터가 되는 거예요.

우리 실생활처럼 컴퓨터도 일을 효율적으로 처리하기 위해 이렇게 저장장치를 여러 개 사용하는 거예요. 하드디스크에 모든 데이터를 쌓아두긴 하지만, 사용자가 실행한 프로그램을 메모리에 올려놓는 이유는 바로 속도 때문이랍니다.

SSD가 하드디스크를 대체하다

하드디스크의 속도가 왜 제일 느린 것일까요? 그 이유는 하드디스크의 내부를 해부해보면 알 수 있답니다. 하드디스크를 열어보면 접시모양의 원판과 막대기가 있는데요. 원판은 플래터(platter)라고 부르고, 막대는 암(arm)이라고 부르고 있어요. 우리말로 해석하면 접시와 팔이고요. 암(arm) 끝에는 데이터를 읽고 쓸 수 있는 헤드(머리, head)가 붙어 있지요.

하드디스크 내부 모습

컴퓨터 전원이 켜지면 플래터가 윙 하고 회전하는데요. 막대모양의 암이 움직이면서 데이터를 쓰거나 읽을 위치를 찾는답니다. CD 플레이어에 CD를 넣으면 CD가 윙 하고 돌아가면서 음악이 재생되는 것처럼 하드디스크의 플래터가 돌면서 데이터를 읽고 저장할 위치를 찾는 거예요. 하드디스크 사양을 설명할 때 RPM이라는 단위를 사용하고 있어요. RPM은 'Revolution Per Minute'인데요. 1분 동안 디스크가 몇 번이나 회전하는지를 말해준답니다. RPM이 5,400이면 1분에 디스크가 5,400번 회전한다는 의미이고 7,200이면 1분에 7,200번 회전한다는 의미인데요. 디스크가 더 빨리 회전하면 데이터를 읽고 쓰는 속도가 빨라집니다. 그래서 속도가 빠르면 성능이 좋다는 표현을 해요.

하드디스크는 데이터를 읽고 쓰기 위해 물리적으로 플래터를 회전시키고 암을 위치시켜야 하니, 전자적으로 데이터를 처리하는 RAM에 비하면 속도가 한참 느릴 수밖에 없죠. 달리는 사람과 빛의 속도로 날아가는 사람의 느낌이랄까?

그래서 등장한 녀석이 SSD입니다. SSD는 'Solid State Drive'의 약자로, 플래시 메모리로 만든 저장장치예요. 플래시 메모리는 비활성 메모리이기 때문에 RAM과 달리 전원이 나가도 데이터가 날아가지 않는답니다. SSD는 HDD와 같이 물리적으로 원판을 회전시킬 필요가 없기 때문에 HDD보다 빠르다는 장점이 있어요. 부팅 시간을 비교해보면, HDD에 설치된 운영체제 부팅 시간이 약 30초이지만, SSD에 설치된 운영체제 부팅 시간은 약 15초밖에 안 걸리니 두 배나 속도 차이가 납니다. 하지만 항상 좋은 것은 비싸다는 현실이 있잖아요. 2020년 가격을 비교해보니 6만 원으로 240GB SSD를 살 수 있지만, HDD는 1TB를 살 수 있어요.

HDD

HDD는 '하드디스크'라고 읽습니다.

1TB

1TB는 1024GB로 변환할 수 있습니다.

SSD를 사용하면 속도가 빨라서 좋지만 가격이 비싸다는 단점이 있어요. 반면 HDD를 사용하면 가격은 싸지만 속도가 느리다는 단점이 우리를 고민하게 만들지요. 어떤 저장장치를 사용하면 되는 것일까요? SSD를 사용하면 운영체제 부팅 속도, 파일 저장 시간 등이 빠르지만, 요즘처럼 영화, 음악, 사진 등의 대용량의 파일을 컴퓨터에 저장하는 멀티미디어 시대에 저장장치의 크기도 중요할 수밖에 없잖아요. 그래서인지 요즘에는 HDD와 SSD를 모두 장착한 컴퓨터가 판매되고 있어요. 이를 '퓨전 드라이브'라고 부르는데요. 왠지 김치와 치즈의 조합 같습니다. 운영체제나 프로그램을 실행하는 저장장치는 SSD를 사용하고 사진, 이메일, 문서 등 파일을 보관하기 위한 저장장치는 HDD를 사용해서 두 장치의 장점을 잘 활용하는 것이지요.

이동식 저장장치의 종류

하드디스크의 크기는 작은 책만 합니다. 컴퓨터에서 하드디스크를 분리하려면 컴퓨터도 뜯어야 하고, 케이블도 빼야 하기 때문에 이동성이 매우 떨어지지요. 예전에는 하드디스크를 끼웠다 뺄 수 있는 장치가 있긴 했는데요. 요즘에는 보조기억장치의 용량이 워낙 크다 보니 그럴 필요가 없어졌지요. 대표적인 보조기억장치가 USB 메모리입니다. 이동이 편리하다 보니 이동식 저장장치라고 부른답니다.

USB 메모리가 개발되기 이전에는 3.5인치 플로피디스크가 휴대용으로 사용되었던 적이 있어요. 용량이 1.44MB밖에 안 되었기 때문에 용량이 적은 파일 1~2개 정도만 간신히 저장할 수 있었지요. 요즘 같은 세상에 플로피디스크를 설명하면 구석기 시대 사람으로 오해받을 수도 있겠지만, 그 당시에는 이동식 저장장치가 플로피디스크밖에 없었으니 그것만으로도 훌륭했지요.

디지털카메라가 대중화되면서 SD카드가 많이 쓰이고 있는데요. SD(Secure Digital)카드는 우표만 한 크기의 메모리로, 데이터보호를 위해 암호화 기능이 있는 메모리예요. 이름에 Secure라는 단어가 괜히 들어간 게 아니거든요.

CD-ROM, DVD도 많이 사용되는 저장장치입니다. CD-ROM은 'Compact Disc Read Only Memory'의 약자로 읽기만 가능한 저장장치예요. DVD는 'Digital Video Disc'의 약자로 용량이 큰 저장장치이고요. Video라는 단어가 "난 영화 같은 비디오 파일을 담는 디스크야"라고 설명해줍니다. CD-ROM은 700MB이지만, DVD는 4.7GB(=4,812.8MB)입니다. DVD가 CD-ROM에 비해 6~7배 크기 때문에 CD-ROM에는 음악을 담고요. DVD에는 영화와 같은 동영상을 담고 있지요.

HD급 고화질 영화는 블루레이(Blu-ray) 디스크에 담겨 판매되고 있어요. HD급 고화질 TV를 보고 있노라면 주인공의 모공까지도 드러나는 선명함을 느낄 수 있어요. 영상이 선명하다는 것은 저장해야 할 영상 데이터가 많다는 의미이고, 이를 저장하기 위해 용량이 큰 디스크가 필요하답니다. HD 고화질 영화가 블루레이 디스크에 담겨 판매되고 있는 이유이지요.

블루레이(Blue-ray)는 파란색 광선을 의미하는데요. DVD의 경우 붉은색 광선을 이용해 데이터를 읽

USB 메모리 (외부 모습)

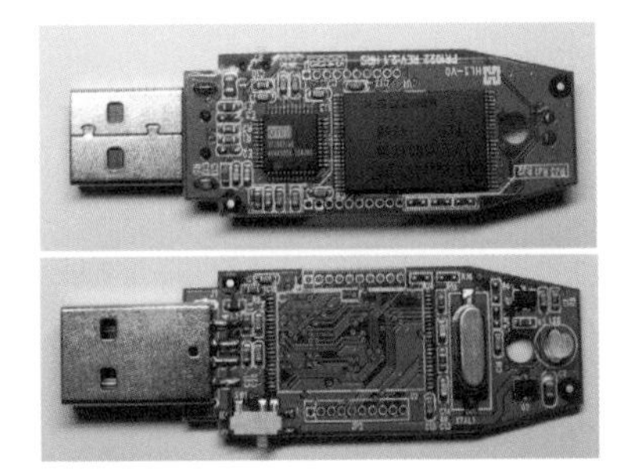

USB 메모리(내부 모습)

USB SSD

SD 카드

DVD 드라이브

고 쓰지만, 블루레이 디스크는 파란색 광선을 이용해 데이터를 읽고 쓴답니다. 파란색 광선은 붉은색 광선보다 디스크에 데이터를 더 촘촘히 읽고 쓸 수 있기 때문에, 디스크에 더 많은 데이터를 담을 수 있어요. DVD는 4.7GB이지만, 블루레이 디스크는 25GB로 5배 이상 많은 데이터를 담을 수 있어요.

DVD에 담긴 영화를 보고 싶다면 붉은색 광선을 사용하는 DVD 드라이브가 있어야 하고요. 블루레이 디스크에 담긴 영화를 보고 싶다면 파란색 광선을 사용하는 블루레이 드라이브가 있어야 해요. 컴퓨터에 DVD 드라이브가 설치되어 있는데, 블루레이 디스크에 담긴 영화를 사서 보려고 하면 당연히 안 되겠죠.

DVD를 굽다

CD나 DVD에 데이터를 쓸 때 'DVD를 굽다'라는 표현을 합니다. 장작불에 고기를 굽는 것도 아닌데, 왜 '굽다'라는 말을 사용하는 걸까요? 그 이유는 디스크에 0과 1의 데이터를 써주기 위해 광선(laser beam)으로 디스크 표면을 녹여주는데요. 디스크를 녹여서 데이터를 써주기 때문에 '굽다'라는 단어가 사용되었답니다.

표준이란?

여러 가지 기준과 방법 등이 존재할 때 관련 전문가들이 모여 하나의 통일된 기준과 방법을 정하는데 그 결과를 '표준'이라고 말해요. 그리고 통일하는 과정은 '표준화'라고 합니다.

여기서 잠깐!

USB 이야기

요즘은 USB가 붙은 이름들이 많죠. USB 메모리도 있고, USB 충전기도 있고, USB 선풍기도 있는데요. USB는 'Universal Serial Bus'의 약자로 컴퓨터와 주변장치의 연결 방법을 통일하기 위해 1996년에 만들어진 표준이랍니다. 외장 DVD 드라이브를 연결할 때도, 키보드를 컴퓨터에 연결할 때도 USB로 통일되니 회사는 제작 비용을 줄일 수 있고, 사용자는 제품을 편리하게 사용할 수 있게 되지요.

우리가 사용하는 USB에는 USB 2.0과 USB 3.0이 있어요. 숫자가 2에서 3으로 올라간 것을 보면 무엇인가 좋아졌다는 의미인데요. USB 3.0은 USB 2.0보다 데이터를 실어 나르는 속도가 훨씬 빨라졌어요. USB 3.0을 'Super Speed USB'라고 부를 정도예요.

USB 2.0의 속도는 480Mbps이지만, USB 3.0은 4,800Mbps로 10배 정도나 빨라진 셈이지요. 서울에서 부산을 갈 때 무궁화호를 타고 가다가

KTX를 타는 수준이랄까요? 그 정도로 데이터를 전송하는 속도가 매우 빨라졌는데요. 2.0 USB 메모리에 저장된 영화 파일을 컴퓨터 하드디스크에 복사하는 데 10분이 걸린다면 3.0 USB 메모리는 1분이면 복사가 끝이 납니다. 어때요? 속도의 빠름이 느껴지나요?

USB 2.0과 3.0의 겉모습은 어떻게 다를까요? 그림처럼 USB 3.0의 입출력 단자는 파란색으로 표시되지만, USB 2.0은 검정색 혹은 흰색으로 표시된답니다. 컴퓨터에 USB를 연결하는 단자에는 USB 2.0은 와 같은 표시가 있지만, USB 3.0을 연결하는 단자에는 SS의 표시가 있어요. SS는 'Super Speed'를 의미해요.

USB 3.0 USB 3.0 USB 2.0

표준의 다른 이야기

2000년대 핸드폰마다 충전기가 달랐던 때가 있었어요. 충전기의 연결단자가 핸드폰 모델마다 다르게 제작되어서 핸드폰을 교체할 때마다 충전기를 바꿔야 했는데요. 엄마, 아빠, 누나, 동생의 핸드폰 모델이 다르면 충전기의 연결 단자가 달랐어요. 자원의 낭비가 심해지자 정부는 2002년 표준화를 통해 충전기 입출력 단자(핀 개수)를 통일했고, 핸드폰 제조회사들은 이 표준을 따라 충전기를 만들었답니다. 표준 덕분에 충전기 한 대만으로 가족 모두의 핸드폰을 충전할 수 있게 되었지요. 이렇게 표준은 서로 다른 방식으로 개발된 기술을 하나로 통일해 자원 낭비와 소비자의 불편을 줄여줄 수 있답니다.

 **bps**

bps는 bits per second의 약자로 1초에 전송되는 bit의 수를 말해요. 480Mbps보다는 4,800Mbps가 숫자가 크니 1초 동안 더 많은 데이터를 전송해줍니다.

16

모니터에 사진을 보여주렴~ 그래픽 카드

컴퓨터 모니터로 영화를 볼 수 있고, 사진을 볼 수 있는 것은 바로 그래픽 카드 덕분이에요. 그래픽 카드는 글자, 영화, 사진, 소프트웨어 등을 모니터에 나타나게 해주는 장치예요. 성능이 떨어지는 그래픽 카드를 사용하면 게임을 하다가 화면 움직임이 갑자기 느려지거나 멈추는 일이 종종 발생하게 됩니다. 3D게임을 즐기는 사람이라면 그래픽 카드의 중요성에 먼저 눈을 뜨는 이유이기도 해요.

예술가들이 그림을 그릴 때 점묘법으로 사물을 표현할 때가 있지요. 작은 점으로 그림을 표현할수록 실제 모습과 더 비슷해지는데요. 모니터에 영상을 출력하는 방법을 점묘법으로 설명할 수 있어요. 컴퓨터는 모니터에 수많은 점들을 찍어 사진도 보여주고 영화도 보여주게 됩니다. 이 점들을 '픽셀(pixel)'이라고 부르는데요. 화면에 아주 작은 점들을 많이 찍을수록 화면이 더 선명해집니다. 선명한 정도를 '해상도'라고 부르는데, 해상도가

640×480이라는 말은 가로 640개와 세로 480개의 점을 찍어 모니터에 영상을 보여준다는 의미이지요. 해상도의 숫자가 커질수록 화면에 찍어주는 점이 촘촘하기 때문에 화질이 좋아지게 되는데요. HD급 TV에서는 해상도가 1,920×1,080으로 화면에 더 많은 점들이 찍혀 선명한 영상을 보여줄 수 있는 거예요.

우리는 잘 느끼지 못하지만, 모니터는 1초에 60번의 이미지를 쉬지 않고 그려주고 있답니다.

애니메이션을 연출하기 위해 여러 장의 그림을 빠르게 넘겨 주인공들의 움직임을 동적으로 표현하듯이 영화, 애니메이션 등과 같은 동영상도 여러 장의 정지영상을 모아 만듭니다. 여러 개

의 정지영상을 책장 넘기듯 빠르게 넘겨 모니터에 보여주면 우리 눈에는 영상이 움직이는 것처럼 보이는 거예요.

정지영상을 '프레임(frame)'이라고 해요. 영화에서 사람의 움직임이 멈춤 없이 자연스럽게 보이려면 수십 개의 프레임(정지영상)을 1초 안에 정말 빠른 속도로 보여줘야 해요.

우리가 일반적으로 사용하는 모니터는 1초에 60개의 프레임(정지영상)을 보여줍니다. 이때 사용하는 단위가 바로 Hz(헤르츠)입니다. 1초에 60개의 프레임(정지영상)을 보여주면 60Hz, 120개 프레임을 보여주면 120Hz가 되는 거예요. 컴퓨터는 1초에 할 수 있는 일이 참 많은 것 같아요.

컴퓨터로 문서 작업을 한다거나 인터넷을 하는 정도라면 60Hz

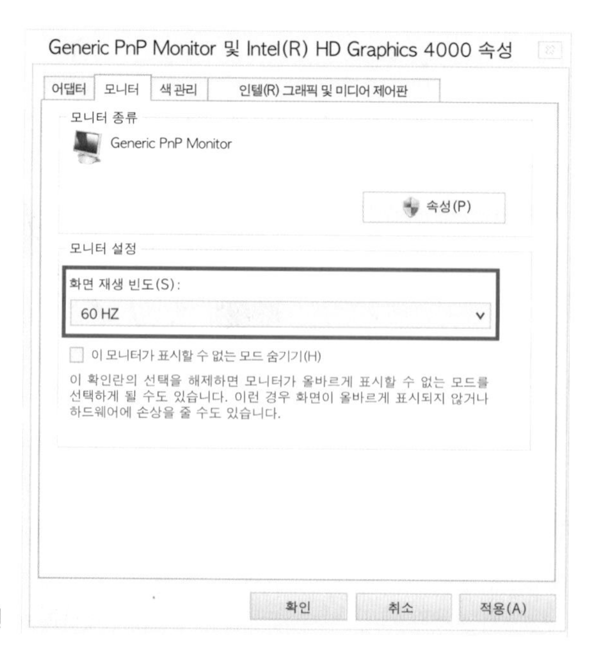

모니터의 화면재생 빈도를 설정하는 화면

로도 충분하지요. 빠른 속도로 화면을 바꿔야 할 정도의 작업을 하지 않으니까요. 하지만 움직임이 빠른 야구를 본다거나 3D게임을 할 때에는 Hz가 높아야 더 실감나는 장면을 감상할 수 있어요.

모니터가 영상을 쉬지 않고 그리는 동안에 CPU는 복잡한 계산을 하느라 매우 바쁜 시간을 보낸답니다. 그래픽 계산 자체가 복잡하다 보니 CPU만으로는 역부족이라 그래픽 카드에는 전용 프로세서를 장착하고 있어요. 이 프로세서가 바로 GPU인데요. GPU는 'Graphic Processing Unit'로 CPU와 유사한 역할을 하는 장치예요. 복잡한 그래픽 처리를 위해 특별히 설계된 프로세서랍니다. 또한 그래픽 카드에 메모리도 장착되어 있어 화면에 찍어주는 점들의 색, 위치 등을 저장하는 데 활용되고 있어요.

그래픽 카드에는 팬이 붙어 있어요. GPU가 열심히 계산에 열중하다 보니 열이 오르기 쉽기 때문에 열을 식혀 주기 위해 선풍기와 같은 팬을 붙여준답니다. 물론 CPU에도 팬이 붙어 있어요. CPU와 GPU처럼 열이 오르기 쉬운 장치에는 선풍기와 같은 팬이 붙어 있답니다.

팬이 붙어 있는 그래픽 카드

그래픽 카드에 있는 영상 데이터를 모니터로 보내주기 위해서는 케이블(일종의 전선)이 필요해요. 그래픽 카드와 모니터를 연결해주는 선인데요. VGA(Video Graphics Array), DVI(Digital Visual Interface), HDMI 등이 있어요.

VGA와 DVI 케이블은 컴퓨터와 모니터를 연결할 때 사용하고, HDMI는 컴퓨터와 TV, 빔프로젝터를 연결할 때 사용해요. VGA는 아날로그 신호를 전송하는 케이블이지만, DVI는 아날로그와 디지털 신호 모두를 전송해주는 케이블이에요. 아날로그에서 디지털 시대로 접어든 요즘에는 VGA케이블보다 DVI케이블을 많이 사용합니다.

CRT 모니터

CRT 모니터를 본 적이 있나요? CRT 모니터는 아날로그 방식으로 동작하는 모니터예요. 이 모니터에 컴퓨터를 연결하려면 VGA 케이블을 사용해야 해요. 컴퓨터는 0과 1의 디지털 데이터를 모니터로 보내주지만, 이 모니터는 아날로그 방식으로 동작해요. 이 둘 사이를 VGA 케이블로 연결하면 컴퓨터의 디지털 신호가 아날로그로 변경되어 모니터로 보내집니다.

LCD 모니터

요즘은 디지털 모니터의 시대입니다. 디지털 모니터(예: LCD 모니터)와 컴퓨터는 DVI 케이블로 연결하면 되어요. 컴퓨터와 모니터 모두 데이터를 디지털로 처리하니, 컴퓨터의 디지털 데이터를 아날로그 데이터로 변환할 필요 없이 곧바로 디지털 모니터에 보내줄 수 있어요. 영상 데이터를 변환하지 않고 바로 모니터로 보내주니 영상 품질도 유지되고, 고화질의 영상도 모니터로 보내줄 수 있어요.

VGA이나 DVI 케이블은 컴퓨터와 모니터를 연결할 때 사용해요. 반면, 컴퓨터와 고화질 TV를 연결할 때는 HDMI(High Definition Multimedia Interface) 케이블을 사용한답니다. DVI은

영상만을 전송할 수 있지만, HDMI는 영상과 소리를 모두 전송할 수 있어요.

케이블의 겉모습은 다음과 같아요.

> **VGA 케이블**
> VGA 케이블을 RGB 케이블이라고 부르기도 해요.

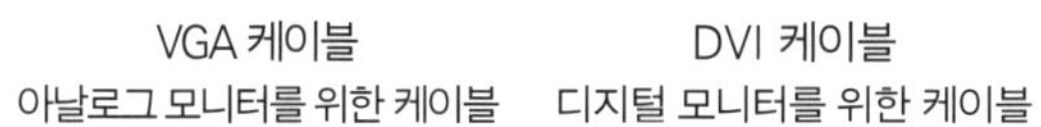

VGA 케이블 아날로그 모니터를 위한 케이블	DVI 케이블 디지털 모니터를 위한 케이블	HDMI 케이블 TV, 빔프로젝터에 연결하는 케이블

여기서 잠깐!

아날로그와 디지털

노래를 하면 소리 파동이 생깁니다. 아날로그 기술에서는 소리 파동을 그대로 사용하지요. 노랫소리를 카세트테이프에 녹음하면 원래의 파동이 테이프에 그대로 기록됩니다. CRT 모니터, 필름 카메라가 대표적인 아날로그 제품이에요.

디지털 기술에서는 소리 파동을 0과 1의 데이터로 변환해 사용합니다. 소리 파동을 모두 데이터로 변환하면 용량이 커지기 때문에 데이터를 변환하기 전에 일정 간격으로 데이터를 뽑아내는 샘플링 과정을 거치고 있어요. 이렇게 0과 1로 변환된 데이터는 컴퓨터에서도 처리할 수 있고, CD, DVD, mp3 플레이어에 저장할 수 있게 됩니다. 디지털 카메라로 사진을 찍으면 찍는 순간 데이터는 0과 1로 저장되니 '디지털'이라는 수식어가 붙는 거예요.

모든 정보가 컴퓨터로 처리되는 디지털 시대에서는 아날로그 기술이 구닥다리 기술 같다는 생각도 듭니다. 그래서인지 요즘에는 '응답하라 아날로그'와 같이 추억을 표현하는 단어로 활용되고 있어요.

17

인터넷을 위한 네트워크 카드

유선 전화기로 친구에게 전화하기 위해서는 우리 집 전화기와 친구네 전화기가 전화선으로 연결되어 있어야 합니다. 물론 전화를 걸고 받을 수 있는 전화기도 필요하고요.

전화선

전화기를 연결하는 선을 '전화선'이라고 해요. 컴퓨터와 컴퓨터를 연결하는 선을 '네트워크 케이블'이라고 하지요.

컴퓨터로 친구들과 카카오톡 채팅을 하려면 반드시 컴퓨터들이 전선으로 서로 연결되어 있어야 해요. 채팅 내용을 주고받기 위해서는 전화기와 같은 장치도 필요하답니다. 우리는 이 장치를 '네트워크 카드'라고 부릅니다. 네트워크 카드는 별명이 많은데요. '이더넷 카드', '네트워크 인터페이스 카드(NIC, Network Interface Card)', '랜 카드', '네트워크 어댑터'라고도 불려요.

장치관리자 창에서 '네트워크 어댑터'가 바로 전화기와 같은 역할을 하는 장치예요.

네트워크 어댑터

우리 눈에 보이지는 않지만 컴퓨터들은 정말 많은 대화를 나눈답니다. 친구 컴퓨터가 어디에 위치해 있는지 찾기 위해서 대화를 나누고요. 네이버와 다음 같은 포털사이트에 접속하기 위해

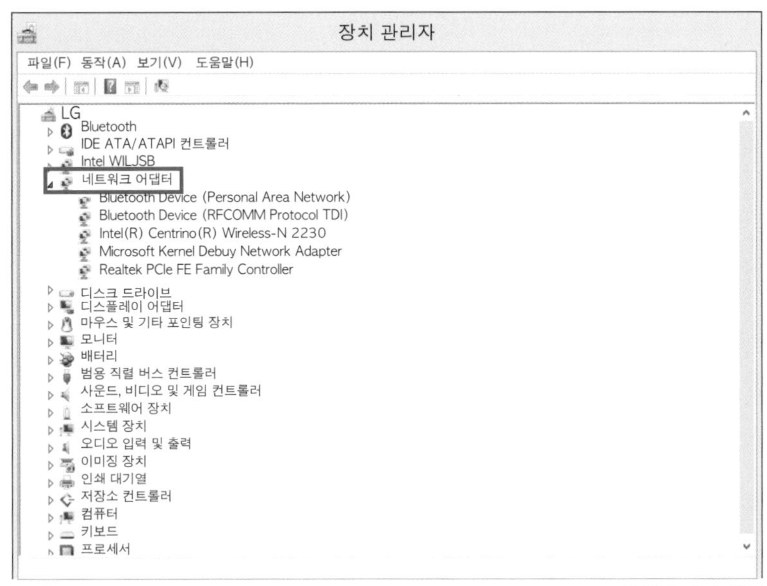

장치관리자 화면

IP 주소를 물어볼 때도 다른 컴퓨터와 대화를 나눕니다.

컴퓨터들이 대화를 나누는 것을 '데이터 송수신'이라고 표현합니다. 데이터 송수신은 데이터를 보내고 받는다는 의미이지요. 우리가 전화기로 대화를 나누는 것을 '통화'라고 하듯이 컴퓨터들이 서로 대화하는 것을 '통신'이라고 한답니다.

카카오톡에서 "안녕, 친구!"라고 친구에게 메시지를 보내면, CPU가 네트워크 카드에게 지시합니다. "네트워크 카드, 이 문자를 친구 컴퓨터로 보내줘~"라고요. 네트워크 카드는 컴퓨터에 연결된 네트워크 케이블(랜선)과 네트워크 장비(스위치, 라우터)를 거쳐 이 메시지를 친구의 컴퓨터로 보내주지요.

전화기는 유선 전화기와 무선 전화기가 있듯이, 네트워크

이더넷과 인터넷

이더넷과 인터넷이 헷갈린다고요?

이더넷(Ethernet)은 인터넷을 가능하도록 해주는 통신 기술이에요. 통신 기술이 뭐냐고요?

전화기로 친구와 통화할 수 있는 것은 통신 기술이 있기 때문이에요. 컴퓨터로 채팅을 할 수 있는 것도 데이터를 서로 주고받을 수 있는 통신 기술이 있어서 가능한 거예요.

짧은 거리에 사용되는 통신 기술로는 이더넷과 와이파이(Wi-Fi)가 있어요. 이더넷은 유선 통신 기술, 와이파이는 무선 통신 기술이에요.

전선과 같은 '랜선'을 컴퓨터에 꽂아놓고 인터넷을 한다면 이더넷 기술을 이용하는 것이고요. 스마트폰, 노트북에서 랜선을 연결하지 않고 인터넷을 한다면 와이파이 기술을 이용하는 것이에요.

랜선이 꽂힌 노트북

내 컴퓨터에 연결된
네트워크 장비 덕분에 친구와
채팅을 할 수 있어요!

카드도 유선과 무선이 있답니다. 유선 네트워크 카드에는 케이블을 꼽을 수 있는 구멍이 있지만, 무선 네트워크 카드에는 구멍이 없어요.

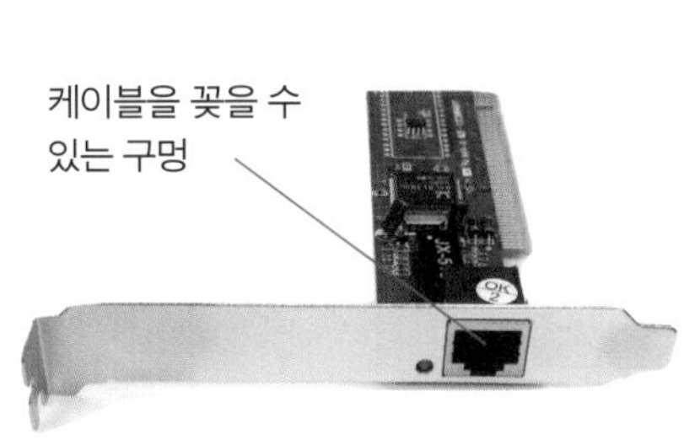

유선 네트워크 카드(내장형)

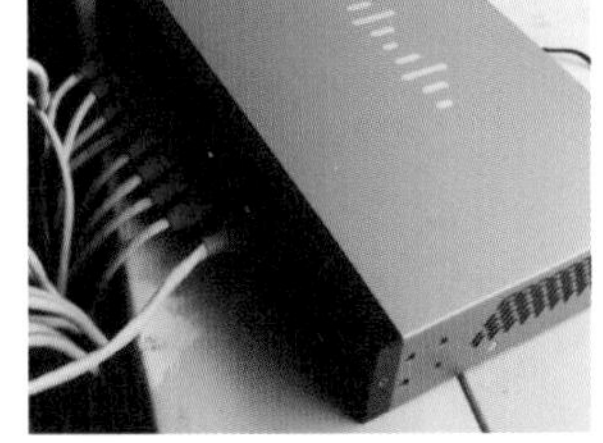
로컬 네트워크를 위한 스위치

네트워크 카드의 경우, 데이터를 얼마나 빠른 속도로 송수신할 수 있는지가 장비의 성능을 결정해요. 옛날에는 유선 네트워크가 10Mbps(메가비피에스), 100Mbps 정도의 속도였지만, 요즘은 1Gbps(기가비피에스)의 네트워크 카드가 일반적이지요. 100Mbps 속도의 네트워크 카드를 '패스트 이더넷 카드(Fast Ethernet Card)'라고 부르고 있는데요. 그 당시에는 100Mbps도 빨랐으니 Fast라는 단어가 붙을 만했죠. 하지만 요즘 같은 기가비트 시대에 1Gbps 속도의 네트워크 카드에는 'Very Fast'(매우 빠른)라는 수식어 대신에 '기가비트 이더넷 카드(Gigabit Ethernet Card)'라는 이름이 붙었지요.

네트워크 케이블

컴퓨터와 컴퓨터를 이어주는 전선을 '네트워크 케이블'이라고 해요. 특히 가까운 거리의 컴퓨터를 연결하는 선을 랜 케이블(LAN Cable)이라고 부르지요. 자세한 내용은 Story 9에서 다루고 있어요.

데이터 단위와 속도

우리가 무게를 잴 때, 가벼운 것은 g(그램)이라는 단위를 사용합니다. 1,000g이면 1kg으로 단위를 변환해서 사용하고 있지요. 데이터 크기도 여러 단위를 사용하고 있어요. 크기가 작으면 byte(바이트)를 사용하고요. 크기가 커지면 KB(킬로바이트), MB(메가바이트), GB(기가바이트) 등의 단위를 사용해요.

bps는 bit per second의 약자인데요. 1초에 송수신되는 bit를 말해요. 자동차의 속도(km/h)처럼 bps의 숫자가 크다는 것은 속도가 빠르다는 의미예요.

컴퓨터 비트 이야기

18

데이터 크기의 감각

오피스 워드로 10페이지 분량의 문서를 작성하면 파일 크기가 13KB(킬로바이트) 정도 되지만, 음악 파일 크기는 3~7MB(메가바이트) 정도가 됩니다. 영화 파일을 다운로드 받아보니 1.3GB(기가바이트), 내 컴퓨터의 하드디스크의 용량을 보니 1TB(테라바이트)라고 표시되어 있어요.

학교에서 데이터 크기(또는 파일 크기)의 단위를 배우기는 하지만, 우리 실생활에서 자주 접했던 단위가 아니기 때문에 피부로 와닿는 데 시간이 필요한 것 같아요.

무게를 잴 때는 kg(킬로그램), 길이를 잴 때는 cm(센티미터)라는 단위를 사용하잖아요. 컴퓨터에서 데이터 크기를 잴 때 byte(바이트)라는 단위를 사용합니다. 하드디스크 속을 들여다보면, 0과 1만 저장되어 있기 때문에 bit(비트)가 최소 단위이긴 하지만, 데이터를 효율적으로 처리하기 위해 byte 단위를 더 많이 사용해요.

데이터 크기 단위를 byte로 통일해서 사용하면 좋으련만, 어떤 때는 KB(킬로바이트, Kilo Byte)를 사용하고, 다른 때는 MB(메가바이트, Mega Byte)를 사용하니 아리송하기만 합니다. 우리 생활에서 무게가 가벼우면 10g과 같이 g이라는 단위를 사용하지만, 무거울 경우 1,000g보다는 1kg으로 변환해서 사용하잖아요. 컴퓨터에서도 크기가 작으면 byte라는 단위를 사용하지만, 크기가 커지면 KB, GB 등의 단위를 사용한답니다.

크기가 큰 파일을 1,048,576bytes라고 표시하면 읽기도 힘들고 보기도 불편하잖아요. 이때 단위를 바꿔서 사용하는 거예요. 1,048,576bytes를 KB 단위로 바꾸면 1,024KB가 되지요. 이를 다시 MB 단위로 바꾸면 1MB가 되고요. 1,048,576bytes로 부르는 것보다는 1MB로 부르는 것이 훨씬 간단하죠.

데이터의 단위는 바이트(byte), 메가바이트(MB), 기가바이트(GB), 테라바이트(TB), 페타바이트(PB), 엑사바이트(EB), 제타바이트(ZB)가 있어요. 단위를 변환하는 방법은 다음과 같아요.

1,024 bytes	= 1KB	1,024바이트는 1KB와 같아요.
1,024 KB	= 1MB	1,024KB는 1MB와 같아요.
1,024 MB	= 1GB	1,024MB는 1GB와 같아요.
1,024 GB	= 1TB	1,024GB는 1TB와 같아요.
1,024 TB	= 1PB	1,024TB는 1PB와 같아요.
1,024 PB	= 1EB	1,024PB는 1EB와 같아요.
1,024 EB	= 1ZB	1,024EB는 1ZB와 같아요.

데이터 크기

예를 들어 음악 파일 크기 7MB는 7,168bytes(=7×1024)로 변환할 수 있고요. 영화 1.3GB는 1,331MB(=1.3×1024)로 변환할 수 있지요.

일상생활에서 단위를 자주 사용하면 크기의 감각을 익힐 수 있는 것 같아요. 콜라 500ml(밀리리터), 물 1l(리터)라는 단위가 피부로 느껴지듯 평소에 데이터 크기에 관심을 갖고 자주 접하다 보면 데이터 단위도 곧 익숙하게 될 거예요.

이제 데이터 크기의 느낌을 공유해보려고 해요. 영화 한 편은 2.4GB, mp3 파일은 7MB 정도 됩니다. 700MB의 CD 한 장은 10개 정도의 음악을 담을 수 있고요. 2.7GB의 DVD에는 영화 한 편을 담을 수 있어요. 요즘 판매되는 하드디스크 크기는 3TB이지만, RAM은 8GB 정도랍니다.

글자 1,500개가 있는 워드 문서의 크기는 10KB 정도밖에 되지 않지만, 사진은 1MB나 되지요. 왜 사진 용량이 더 크냐고요? 사진을 표현하기 위해 수많은 색 정보가 저장되어야 하기 때문이에요.

단위 변환은 계산기로도 할 수 있지만, 네이버에 친절한 단위 변환 프로그램이 있으니 이용해보면 좋을 것 같아요.

단위 변환 프로그램

네이버에서 검색어를 '데이터양 변환'라고 입력하면 단위 변환 프로그램을 찾을 수 있어요.

길이 | 넓이 | 무게 | 부피 | 온도 | 압력 | 속도 | 연비 | 데이터양

1 기가바이트(GB) → 메가바이트(MB) 단위전환

1024 메가바이트(MB)

네이버의 단위 변환 프로그램

전송 속도의 감각

와이파이 속도가 300Mbps(메가비피에스)라고 하는 말을 들어본 적 있을 거예요. bps는 'bit per second'로 1초에 전송되는 bit(비트)의 수를 말해요. 내 컴퓨터에서 다른 컴퓨터로 데이터를 보내고 받는 속도가 전송 속도예요. 택배 배달 속도가 1.5일이고, 우편 배달 속도는 3~4일이듯 전송 속도가 빠르다는 것은 배달 속도가 빠르다는 의미로 이해할 수 있지요.

혹시 100Mbps라고 하면 속도의 빠름이 느껴지나요? 100Mbps란 1초에 100Mbits를 전송할 수 있다는 의미이고요. 30Mbps는 1초에 30Mbits를 전송할 수 있다는 의미예요. 자동차로 주행할 때 100km/h가 30km/h보다는 속도가 빠르듯이, 100Mbps가

bit per second

컴퓨터의 단위는 실생활의 단위와는 차원이 다른 것 같습니다. 1시간도 아니고 1초에 하는 일을 계산하니까요. bit per second도 1초에 전송할 수 있는 비트 수를 말하는데요.

우리가 친구에게 이메일을 보내자마자 친구가 바로 받아볼 수 있는 것도 빠른 데이터 전송 속도 덕분인 거예요.

M

Mbits에서 M은 Mega의 약자예요.

30Mbps보다는 약 3배 빠른 거예요. 10톤 트럭으로 짐을 나르면 1톤 트럭보다 짐 배송 시간을 줄일 수 있는 것처럼, 전송 속도가 빠르다는 건 인터넷 웹페이지 로딩 속도가 빨라지고 동영상 다운로드 속도도 빨라진다는 의미이지요.

바야흐로 기가(Giga)의 시대인데요. '3배 빠른 기가 와이파이(Giga WiFi)'라는 광고에서 씨름선수 같은 사람들의 "기가, 기가!" 외침이 바로 속도의 빠름을 표현한 듯합니다. '기가 와이파이'는 최대 1.3Gbps의 전송 속도를 지원하는 서비스를 말해요. 현재 대부분이 사용하는 와이파이의 전송 속도는 최고 300Mbps이지만, 기가 와이파이는 3배나 빠른 1.3Gbps예요.

19

컴퓨터 비트의 세계

컴퓨터는 전기신호로 데이터를 기록하지요. '찌리릭' 전기신호가 들어오면 1을 기록하고요, 전기신호가 들어오지 않으면 0으로 기록하는 거예요. 그래서 메모리나 하드디스크를 들여다보면 010101010과 같이 비트 형식의 데이터가 저장되어 있는 것을 알 수 있지요.

컴퓨터가 사람이 하는 말을 이해하는 것 같지만, 절대 그렇지 않답니다. 우리가 키보드로 'A'를 누르면, 컴퓨터는 자기가 이해할 수 있도록 0과 1로 바꾸어 처리합니다.

우리가 키보드로 'Hello World'라고 입력하면, 컴퓨터는 다음과 같은 비트 형태로 하드디스크에 저장해요.

01001000 01100101 01101100 01101100 01101111 00100000 01010111 01101111 01110010 01101100 01100100

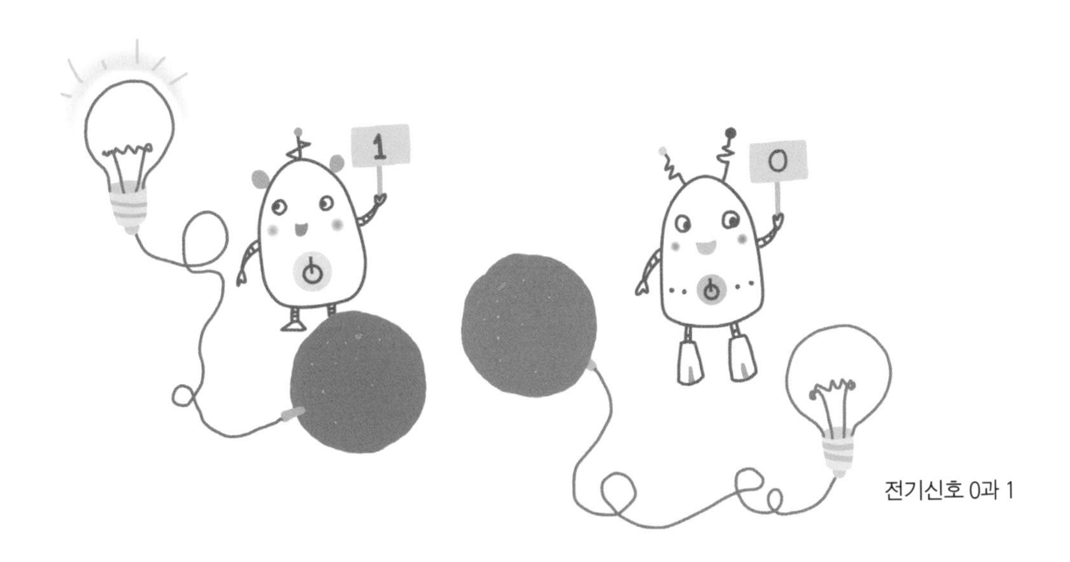

전기신호 0과 1

키보드로 입력한 글자가 어떻게 바이너리로 변환되는지 그 과정을 한번 살펴볼까요? 키보드로 'Hello World'라고 입력하면 컴퓨터는 ASCII 코드표를 참고해서 글자를 숫자로 변경해준답니다. 116쪽 표에서 H의 ASCII 값은 72이고, 소문자 e는 101이에요.

ASCII
ASCII는 '아스키'라고 읽습니다.

이런 식으로 Hello World를 숫자로 변환하면 72 101 108 108 111 32 87 111 114 108 100으로 바꿀 수 있어요. 컴퓨터는 이 숫자들을 자기가 처리할 수 있는 이진수로 바꿔주지요.

72는 01001000으로 바꾸고요. 101은 01100101으로 바꾼답니다. 72 101 108 108 111 32 87 111 114 108 100을 이진수로 바꾸어서 하드디스크에 다음과 같이 기록한답니다.

01001000 01100101 01101100 01101100 01101111
00100000 01010111 01101111 01110010 01101100
01100100

ASCII 코드표

<table>
<tr><th>Ascii</th><th>Char</th><th>Ascii</th><th>Char</th><th>Ascii</th><th>Char</th></tr>
<tr><td>32</td><td>Space</td><td>64</td><td>@</td><td>96</td><td>`</td></tr>
<tr><td>33</td><td>!</td><td>65</td><td>A</td><td>97</td><td>a</td></tr>
<tr><td>34</td><td>"</td><td>66</td><td>B</td><td>98</td><td>b</td></tr>
<tr><td>35</td><td>#</td><td>67</td><td>C</td><td>99</td><td>c</td></tr>
<tr><td>36</td><td>$</td><td>68</td><td>D</td><td>100</td><td>d</td></tr>
<tr><td>37</td><td>%</td><td>69</td><td>E</td><td>101</td><td>e</td></tr>
<tr><td>38</td><td>&</td><td>70</td><td>F</td><td>102</td><td>f</td></tr>
<tr><td>39</td><td>‘</td><td>71</td><td>G</td><td>103</td><td>g</td></tr>
<tr><td>40</td><td>(</td><td>72</td><td>H</td><td>104</td><td>h</td></tr>
<tr><td>41</td><td>)</td><td>73</td><td>I</td><td>105</td><td>i</td></tr>
<tr><td>42</td><td>*</td><td>74</td><td>J</td><td>106</td><td>j</td></tr>
<tr><td>43</td><td>+</td><td>75</td><td>K</td><td>107</td><td>k</td></tr>
<tr><td>44</td><td>,</td><td>76</td><td>L</td><td>108</td><td>l</td></tr>
<tr><td>45</td><td>–</td><td>77</td><td>M</td><td>109</td><td>m</td></tr>
<tr><td>46</td><td>.</td><td>78</td><td>N</td><td>110</td><td>n</td></tr>
<tr><td>47</td><td>/</td><td>79</td><td>O</td><td>111</td><td>o</td></tr>
<tr><td>48</td><td>0</td><td>80</td><td>P</td><td>112</td><td>p</td></tr>
<tr><td>49</td><td>1</td><td>81</td><td>Q</td><td>113</td><td>q</td></tr>
<tr><td>50</td><td>2</td><td>82</td><td>R</td><td>114</td><td>r</td></tr>
<tr><td>51</td><td>3</td><td>83</td><td>S</td><td>115</td><td>s</td></tr>
<tr><td>52</td><td>4</td><td>84</td><td>T</td><td>116</td><td>t</td></tr>
<tr><td>53</td><td>5</td><td>85</td><td>U</td><td>117</td><td>u</td></tr>
<tr><td>54</td><td>6</td><td>86</td><td>V</td><td>118</td><td>v</td></tr>
<tr><td>55</td><td>7</td><td>87</td><td>W</td><td>119</td><td>w</td></tr>
<tr><td>56</td><td>8</td><td>88</td><td>X</td><td>120</td><td>x</td></tr>
<tr><td>57</td><td>9</td><td>89</td><td>Y</td><td>121</td><td>y</td></tr>
<tr><td>58</td><td>:</td><td>90</td><td>Z</td><td>122</td><td>z</td></tr>
<tr><td>59</td><td>;</td><td>91</td><td>[</td><td>123</td><td>{</td></tr>
<tr><td>60</td><td>〈</td><td>92</td><td>\</td><td>124</td><td>|</td></tr>
<tr><td>61</td><td>=</td><td>93</td><td>]</td><td>125</td><td>}</td></tr>
<tr><td>62</td><td>〉</td><td>94</td><td>^</td><td>126</td><td>~</td></tr>
<tr><td>63</td><td>?</td><td>95</td><td>_</td><td>127</td><td>Forward del.</td></tr>
</table>

20

진수 씨 이야기, 이진수와 십진수

일상생활에 사용하는 숫자는 십진수예요. 십진수는 10을 기준으로 표현된 숫자를 말해요. 한 자리 숫자가 가질 수 있는 숫자는 0, 1, 2, 3, 4, 5, 6, 7, 8, 9 이렇게 10가지이지요. 그럼, 두 자리 숫자로 표현할 수 있는 숫자는 몇 가지가 될까요? 0에서 99까지 나타낼 수 있으니 100가지가 된답니다.

이제, 컴퓨터가 이해할 수 있는 이진수를 살펴볼까요? 이진수는 '찌리릭' 전기신호로 구분할 수 있는 숫자로, 0과 1로 나타내요. 즉 이진수 한 자리는 0과 1 이렇게 2가지 숫자만 가질 수 있어요. 한 자리에 두 가지 숫자만 표현하므로 2진수라고 부르는 거예요.

이진수 두 자리는 몇 개의 숫자를 표현할 수 있을까요? 00, 01, 10, 11 이렇게 4가지가 됩니다. 세 자리는 000, 001, 010, 011, 100, 101, 110, 111으로 8가지가 되지요. 여기에는 나름의 규칙이 있답니다.

한 자리 이진수가 가질 수 있는 값: 0, 1

두 자리 이진수가 가질 수 있는 값: 00, 01, 10, 11

세 자리 이진수가 가질 수 있는 값: 000, 001, 010, 011, 100, 101, 110, 111

...

한 자리 이진수는 1비트, 두 자리 이진수는 2비트, 세 자리 이진수는 3비트라고 불러요. N비트는 2^N개의 숫자를 표현할 수 있어요. 예를 들어 2비트는 2^2이므로 4가지 숫자를 표현할 수 있어요.

32비트라면 32자리의 이진수가 있다는 의미이고요. 다음과 같은 어마어마한 가짓수의 숫자를 가질 수 있어요.

00000000000000000000000000000000
00000000000000000000000000000001
00000000000000000000000000000010
00000000000000000000000000000011
...
11111111111111111111111111111110
11111111111111111111111111111111

4,294,967,296개

32비트는 2^{32}으로 계산하면 되고요. 총 4,294,967,296개의 숫자를 가질 수 있어요.

21

32비트와 64비트 운영체제

컴퓨터를 사용하다 보면 32bit, 64bit라는 것을 본 적 있을 거예요. 다음 그림을 보면 시스템 종류가 64비트 운영체제라고 쓰여 있죠? 32비트용 컴퓨터와 64비트용 컴퓨터는 CPU의 레지스터 비트 수를 기준으로 부르는 거예요.

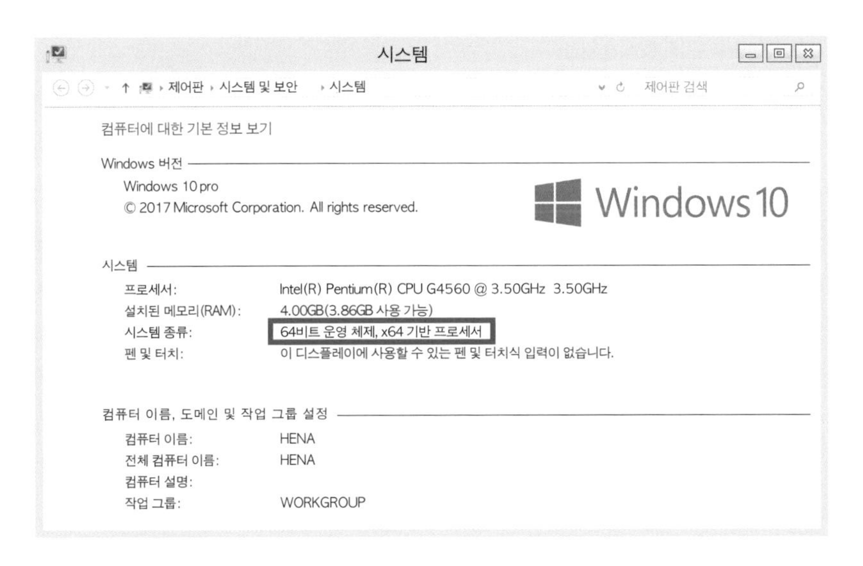

레지스터는 Story 3에서 살펴본 적이 있어요. CPU와 메모리의 속도 차이를 줄이기 위해 레지스터가 사용되고 있어요. 얼마 전까지만 해도 32비트 레지스터를 사용했었는데요. 요즘은 64비트 레지스터가 대부분이에요. 레지스터 비트 수가 커지면 여러 가지 장점이 있는데요. 그중에 하나는 RAM의 크기를 매우 크게 늘릴 수 있다는 것이에요. 32비트 레지스터가 CPU 내에 장착되어 있으면 운영체제에서 메모리를 최대 4GB까지 사용할 수 있지만, 64비트 레지스터가 장착되어 있으면 최대 6TB나 되는 메모리를 사용할 수 있답니다.

윈도우 운영체제를 만드는 마이크로소프트 사는 운영체제 버전에 따라 다음과 같은 메모리 제한 정책을 가지고 있어요.

에디션(버전)	32비트 운영체제 (x86) 메모리 크기	64비트 운영체제 (x64) 메모리 크기
Windows 10 Enterprise	4GB	6 TB
Windows 10 Education	4GB	2 TB
Windows 10 Pro for Workstations	4GB	6 TB
Windows 10 Pro	4GB	2 TB
Windows 10 Home	4GB	128 GB

마이크로소프트 사의 운영체제별 메모리 정책

64비트 운영체제가 32비트 운영체제보다 수천 배나 큰 메모

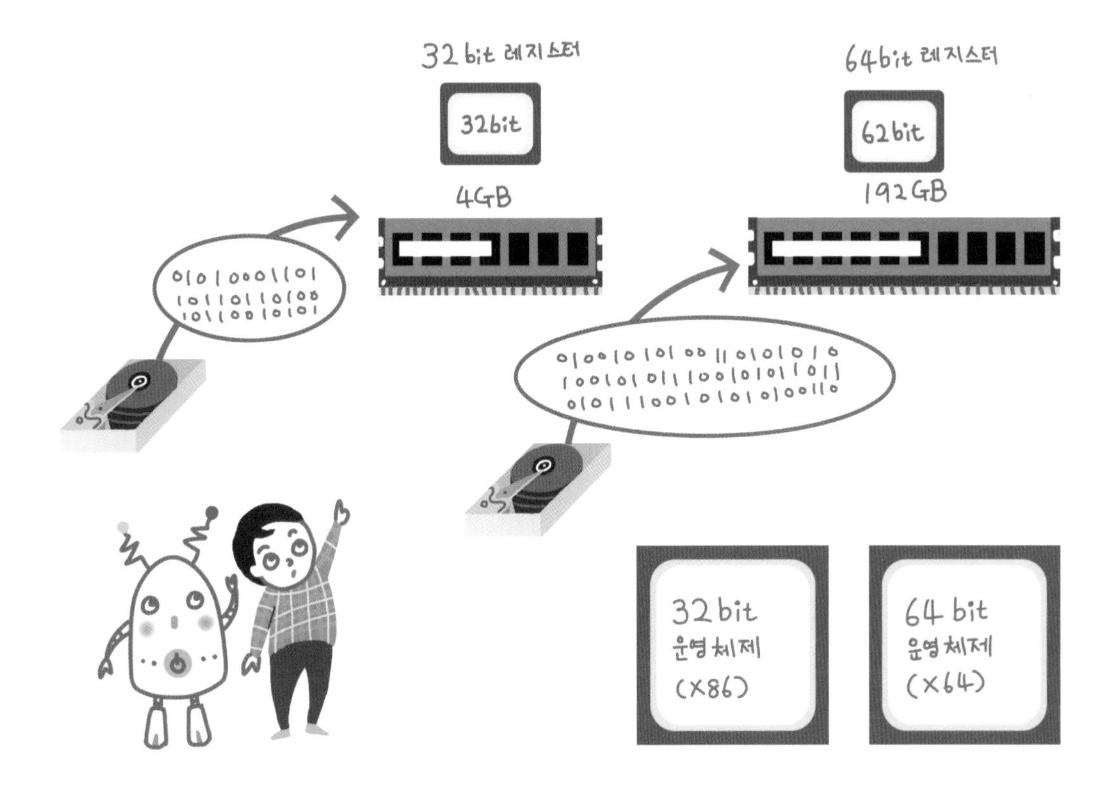

리를 지원할 수 있고 운영체제 에디션(일종의 버전)이 높을수록 운영체제에서 지원하는 메모리가 커져요. 예를 들어, Windows 10 Home 32bit 운영체제는 최대 4GB 메모리를 사용할 수 있지만, 64bit 운영체제는 최대 128GB 메모리를 사용할 수 있어요. 에디션에 따라 메모리 지원 범위도 달라지는데요. Windows 10 Pro 64bit 운영체제에서는 최대 2TB 메모리를 사용할 수 있지만, Windows 10 Enterprise에서는 최대 6TB까지 사용할 수 있어요.

레지스터에는 여러 가지 종류가 있는데요. 그중 범용 레지스터가 메모리의 크기를 결정해주는 녀석이에요.

'범용 레지스터'는 말 그대로 여러 가지 용도로 사용되는 레지스터예요. 여기에 데이터를 담을 수도 있고 주소를 담을 수도 있지요. CPU는 레지스터를 보고 필요한 데이터가 메모리의 어느 위치에 있는지를 알 수 있어요.

32비트 레지스터에는 다음과 같이 총 4,294,967,296개의 메모리 주소를 저장할 수 있어요.

00000000000000000000000000000000
00000000000000000000000000000001
00000000000000000000000000000010
00000000000000000000000000000011
...
11111111111111111111111111111111

4,294,967,296개

레지스터의 값이 00000000000000000000000000000000이라면 메모리의 맨 처음을 가리키고, 11111111111111111111111 111111111이라면 메모리의 맨 마지막을 가리켜요. 여기서 메모리는 RAM뿐만 아니라, 그래픽 카드의 메모리, L2 캐시 등도 포함된답니다. 즉 컴퓨터에서 사용되는 모든 메모리를 의미하는 거예요.

64비트 레지스터가 32비트 레지스터보다 더 많은 메모리 주소를 담을 수 있기 때문에 더 큰 크기의 메모리를 사용할 수 있어요. 64비트가 가질 수 있는 메모리 주소는 2^{64}개(=18,446,744,073, 709,551,616)나 됩니다. 이론적으로는 16EB(exabytes) 메모리까

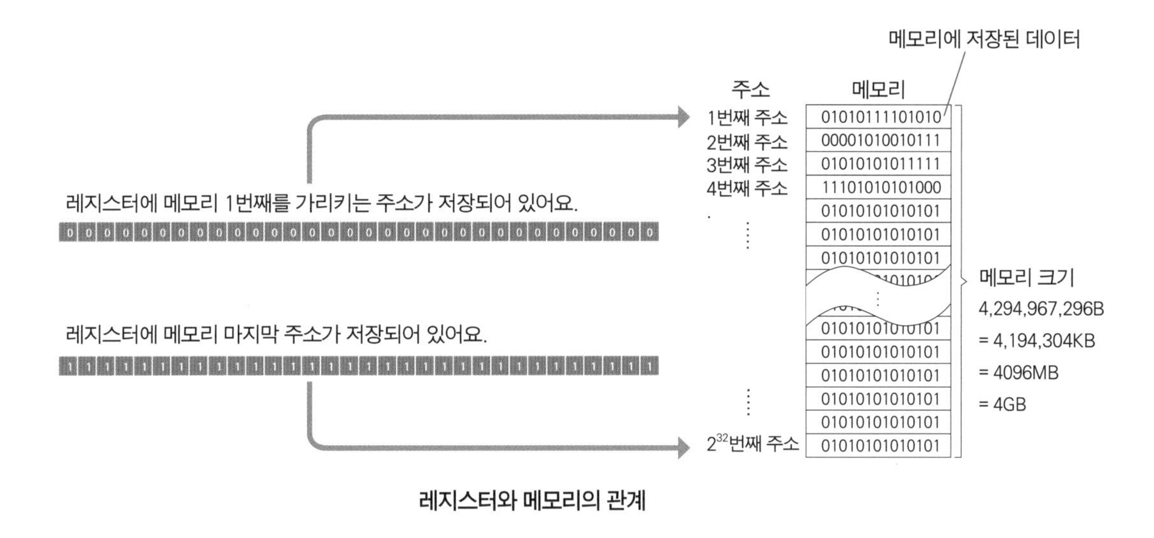

레지스터와 메모리의 관계

지 사용할 수 있지만, 윈도우 서버 운영체제에서는 최대 4TB 정도의 메모리까지만 지원하고 있어요.

그렇다면 메모리가 크면 무엇이 좋을까요? 프로그램을 실행할 때는 항상 메모리에 올려놓아야 하는데요. 컴퓨터에서 한글이나 워드를 이용해 문서 작업을 하고, 인터넷 서핑을 하고, 음악도 듣고, 백신 프로그램을 실행하는 정도로는 메모리가 부족하다고 느끼지 못할 수도 있어요. 하지만 3D게임을 하거나 그래픽디자인 작업이라도 하게 되면 화면에 보여줘야 하는 이미지 용량이 많기 때문에 이 용량을 담을 수 있는 큰 메모리가 필요하게 됩니다.

레지스터가 64비트로 만들어졌다면, 운영체제가 64비트 레지스터를 잘 활용할 수 있도록 만들어져야 하고 소프트웨어도 64비트용으로 만들어져야 한답니다. 64비트 운영체제에서는 32비트 프로그램의 사용이 가능하지만, 반대는 안 된답니다. 그 이유는 큰 그릇에 적은 양의 음식을 담을 수 있지만, 작은 그릇에 많은 양의 음식을 담을 수 없는 원리와 같아요. 그래서 32비트 운영체제에 64비트 소프트웨어를 설치하면 오류가 나는 것도 이런 이유예요.

플래시 플레이어(Flash Player) 실행파일을 다운로드 받을 때 다음과 같이 실행파일이 여러 개인 이유가 바로 32비트나 64비트 때문입니다.

1번 링크: Update for Internet Explorer Flash Player for Windows 10 (64-bit machine)
2번 링크: Update for Internet Explorer Flash Player for Windows 10 (32-bit machine)
3번 링크: Update for Internet Explorer Flash Player for Windows 8 (64-bit machine)
4번 링크: Update for Internet Explorer Flash Player for Windows 8 (32-bit machine)

내 컴퓨터에는 1번 링크를 선택해 실행파일을 다운로드 받았어요. 왜냐고요? 내 컴퓨터의 운영체제를 확인해보니 윈도우 10이었고, 시스템 종류가 64비트 운영체제이기 때문이지요.

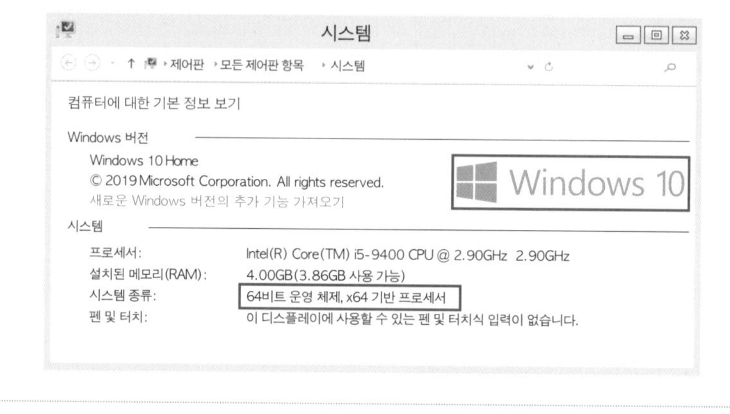

다운로드와 업로드

서버에서 클라이언트로 내려오는 길은 다운로드(download)라고 해요. 인터넷에서 파일을 다운로드 받는 것은 서버에서 내 컴퓨터로 파일이 내려오므로 '다운로드'가 됩니다. 서버가 내 컴퓨터보다는 높은 곳에 있다고 생각하는 거예요.

클라이언트에서 서버로 올라가는 길은 업로드(upload)라고 해요. 인터넷 게시판으로 파일을 올릴 때는 내 컴퓨터에서 서버로 파일이 올라가므로 '업로드'라고 해요.

Story
5

인터넷 바다 이야기

22

전 세계를 연결하는 인터넷

인터넷은 무슨 뜻일까요? 인터넷(Internet)은 '사이에(inter)'와 '네트워크(net)'라는 말이 결합된 단어로, 네트워크와 네트워크 사이를 이어주는 기술을 의미합니다. 전 세계의 네트워크를 연결해주는 인터넷 덕분에 우리는 멀리 떨어진 친구와 카카오톡 등으로 대화할 수 있는 거랍니다.

1969년 집채만 한 컴퓨터 두 대가 서로 연결되어 'LOGIN'이라는 메시지를 보낸 것이 인터넷의 시작이었어요.

인터넷은 대학교를 중심으로 커지기 시작했어요. TCP, HTTP와 같은 인터넷 기술이 개발되면서 전 세계 컴퓨터들이 서로 대화를 나눌 수 있는 규칙과 절차가 마련되었고, 전 세계 컴퓨터가 거미줄처럼 연결되어 누구든 접근할 수 있게 되었답니다. 1992년 미국의 한 대학생이 '모자익(Mosaic)'이라는 사용하기 쉬운 웹브라우저를 개발하면서 인터넷 사용이 확산되었지요. 개인들이 자신만의 홈페이지를 만들기도 했고, 기업들은 회사 웹사이트

Word Wide Web(전 세계 거미줄)

라우터 (네트워크 장비)
스위치 (네트워크 장비)
서버 (컴퓨터)
PC (컴퓨터)

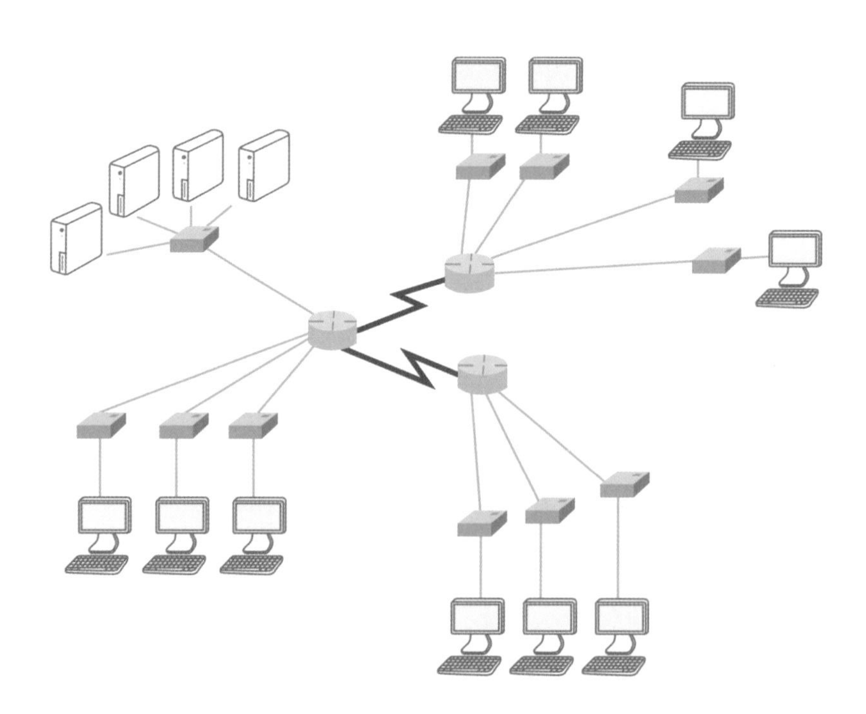

컴퓨터들이 네트워크 장비를 통해 거미줄처럼 복잡하게 연결된 모습

를 구축하기 시작했지요.

인터넷을 사용하기 위해서는 www.daum.net과 같은 주소를 입력해야 합니다. 여기서 www는 World Wide Web(전 세계 거미줄)을 말해요. 전 세계의 컴퓨터가 마치 거미줄처럼 복잡하게 연결되어 있다는 의미로 사용되고 있어요.

'웹사이트'라는 단어에서 사이트(site)는 위치, 장소라는 의미를 가지는데요. 즉 웹 상에 존재하는 장소로 네이버, 다음, 옥션, 11번가 등이 예가 될 수 있어요.

23

인터넷 항해를 위한 주소

집집마다 주소가 있듯이 웹사이트(web site)에도 주소가 있답니다. 이 주소를 URL(Uniform Resource Locator) 혹은 '도메인 주소'라고 부릅니다. www.naver.com이 예가 될 수 있어요.

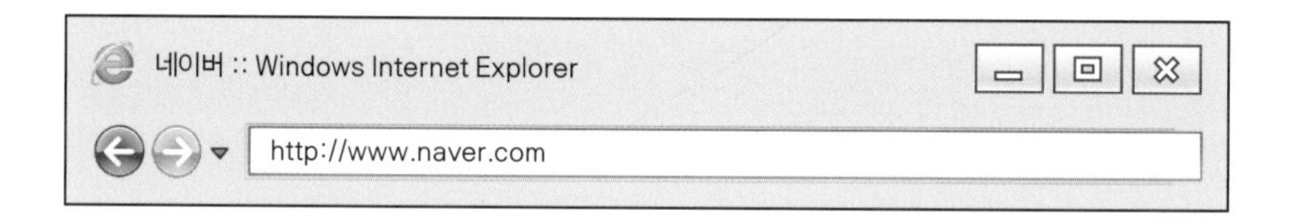

URL(Uniform Resource Locator)은 '자원 위치 표시자'라는 의미를 가집니다. 인터넷 상에 퍼져 있는 자원(이미지, 동영상, 문서 등)의 위치를 찾아낼 수 있는 주소를 말하지요. 예를 들어 www.naver.com/index.php가 됩니다.

컴퓨터(PC)에서 www.naver.com이라고 입력하면 거미줄과 같은 네트워크를 통해 주소가 위치한 컴퓨터로 찾아가는데요. 이 주소에 위치한 컴퓨터가 바로 '서버'입니다.

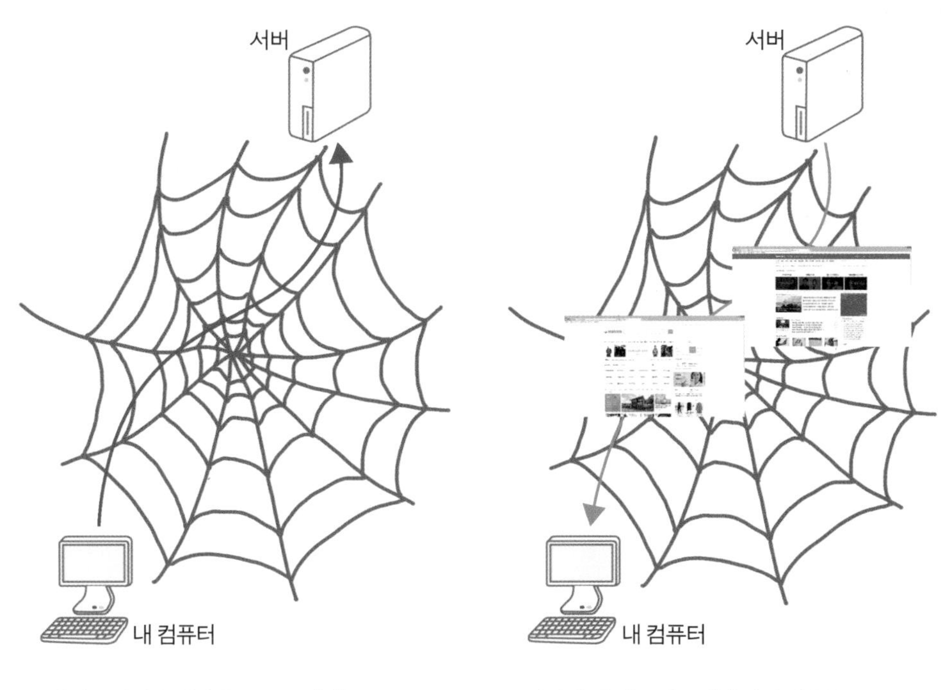

내 컴퓨터에서 인터넷 주소로 서버를 찾아가는 모습

서버가 내 컴퓨터로 웹페이지 내용을 보내주는 모습

서버는 그림, 동영상, 뉴스 등의 자원을 가지고 있는 컴퓨터예요. 내 컴퓨터에서 웹브라우저 주소 창에 서버 주소(www.naver.com)를 입력하면 서버의 자원들(그림, 글자, 동영상 등)이 거미줄 같은 네트워크를 지나 내 컴퓨터로 배달됩니다. 그럼, 내 컴퓨터의 웹브라우저가 이들 자원들을 웹페이지에 담아 보여주는 거예요.

웹브라우저(web browser)에서 browse란 '책을 군데군데 펼쳐본다'라는 의미로, 웹페이지를 펼쳐보는 프로그램을 말해요. 대표적인 웹브라우저로는 인터넷 익스플로러, 파이어폭스, 크롬, 사파리 등이 있어요.

『과학은 놀이다』 종이책의 페이지 궁리출판 웹페이지

책 한 페이지에 그림, 글자 등을 담아놓듯이 웹페이지에도 글자, 그림, 노래 등을 담아놓는 거예요.

전 세계 컴퓨터에 할당된 IP 주소

전 세계 컴퓨터들이 서로 대화를 나누기 위해서 컴퓨터마다 주소가 필요하답니다. 모든 컴퓨터들은 210.102.11.3과 같이 숫자와 점으로 이루어진 IP 주소를 가지고 있어서 저 멀리 떨어진 컴퓨터를 찾아가기 위해서는 해당 IP 주소를 꼭 알아야 해요.

우리가 웹브라우저에서 도메인 주소(www.naver.com)를 입력하면 내 컴퓨터는 IP 주소를 알아내기 위해 도메인 네임 서버에게 물어봅니다. 도메인 주소만 가지고는 인터넷 공간에서 서버를 찾을 수 없기 때문이에요. 그렇다면 왜 도메인 주소를 사용하는 걸까요? 어차피 IP 주소를 알고 있어야 서버를 찾아갈 수 있는데 말이죠. IP 주소는 숫자와 점으로만 이루어져 일반인들이 기억하기는 어렵기 때문에 읽기 편하고 기억하기 쉬운 도메인 주소를 사용하고 있는 것이에요.

모든 컴퓨터에 도메인 주소가 필요한 건 아니에요. 도메인 주소는 11번가, 국세청 등과 같이 많은 사람들이 이용하는 웹사이트에 필요하지만, 개인들이 사용하는 컴퓨터에는 IP 주소만 있어도 충분하답니다. IP 주소는 인터넷 공간에서 다른 컴퓨터를 찾을 수 있도록 해주는 일종의 컴퓨터 주소 정보예요. 한마디로 도로명 주소와 같은 녀석이지요. 반면, 도메인 주소는 웹사이트 주소를 기억하기 쉽게 해주는 이름인데요. 회사의 간판과 같은 역할을 한답니다.

24

웹브라우저 이야기

인터넷 웹브라우저는 전 세계에 위치한 서버 컴퓨터를 찾아 주고, 서버로부터 자원(그림, 글자, 동영상 등)을 받아 화면에 보여 주는 프로그램이에요. 대표적인 웹브라우저로는 인터넷 익스플로러, 크롬, 파이어폭스 등이 있어요. 다음 그림이 네이버의 첫 페이지를 보여주는 '웹브라우저' 모습이에요.

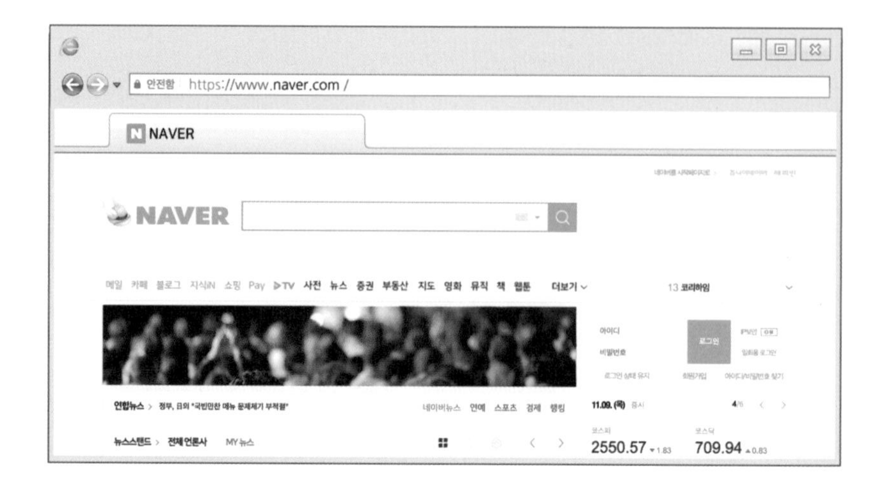

전 세계적으로 인터넷 익스플로러, 파이어폭스, 크롬, 사파리 등이 많이 사용되고 있어요. 웹브라우저마다 독특한 이름이 있는데, 그 이름에는 재미있는 이야기가 담겨 있어요. 우선 그 이름만으로도 흥미롭습니다. 불타는 여우도 있고, 인터넷 탐험가도 있고, 금속 원소인 크롬도 있네요.

인터넷 익스플로러(Internet Explorer): 인터넷 탐험가

파이어폭스(Firefox): 불타는 여우

크롬(Chrome): 금속원소 크롬

사파리(Safari): 사파리 여행

마이크로소프트의 인터넷 탐험가, Internet Explorer

1995년은 '인터넷 익스플로러'라는 웹브라우저가 태어난 때입니다. 인터넷 익스플로러는 윈도우 95 운영체제와 탄생을 함께하여 대중화에 성공한 웹브라우저였지요.

마이크로소프트 사의 윈도우 운영체제는 전 세계적으로도 높은 시장 점유율을 갖고 있었어요. 특히 우리나라는 거의 대부분의 사람들이 윈도우 운영체제를 사용할 정도였지요. 윈도우 운영체제는 짧은 시간에 대중적인 데스크톱 운영체제가 되었는데요. 윈도우 95 운영체제의 성공으로 운영체제와 함께 판매되었던 인터넷 익스플로러도 대중화에 성공하게 되었어요.

끼워 팔기 정책

운영체제를 사면 인터넷 익스플로러가 딸려서 판매되는 정책을 '끼워 팔기 정책'이라고 부르고 있어요.

마이크로소프트 사의 끼워 팔기 정책은 미국뿐만 아니라 한국에서 불공정 거래로 제소를 당하기도 했는데요. 많은 사람들이 사용하는 윈도우 운영체제에 이미 웹브라우저가 설치되어 있으니 사용자들은 자연스레 인터넷 익스플로러만 사용하게 되었고, 다른 웹브라우저들을 사용할 기회조차 누리지 못하게 되었지요. 그러니 웹브라우저를 개발하는 기업들 입장에서는 자율경쟁이 어려워져 불공정 거래라고 생각했어요.

마이크로소프트 사는 끼워 팔기 정책 덕분에 당시 전 세계 웹브라우저 시장에서 높은 점유율을 차지할 수 있었는데요. 우리나라에서는 '웹브라우저'를 '인터넷 익스플로러'와 같다고 생각할 정도였으니 확실히 성공한 녀석이었긴 합니다.

인터넷 익스플로러 로고

인터넷 익스플로러(Internet Explorer)는 '인터넷 탐험가'라는 의미인데요. 인터넷 바다로의 탐험을 연상하게 만드는 인터넷 익스플로러 로고에는 지구를 상징하는 파란색 원과 빠른 속도의 탐험을 상징하는 궤도로 인터넷 탐험가의 정신을 느끼게 해줍니다.

오랜 기간 동안 컴퓨터의 한 자리를 지켜왔던 인터넷 익스플로러가 최근 퇴출의 위기를 맞고 있습니다. 다른 웹 브라우저에 비해 인터넷 익스플로러의 기능 및 성능이 떨어지고 보안적인 면

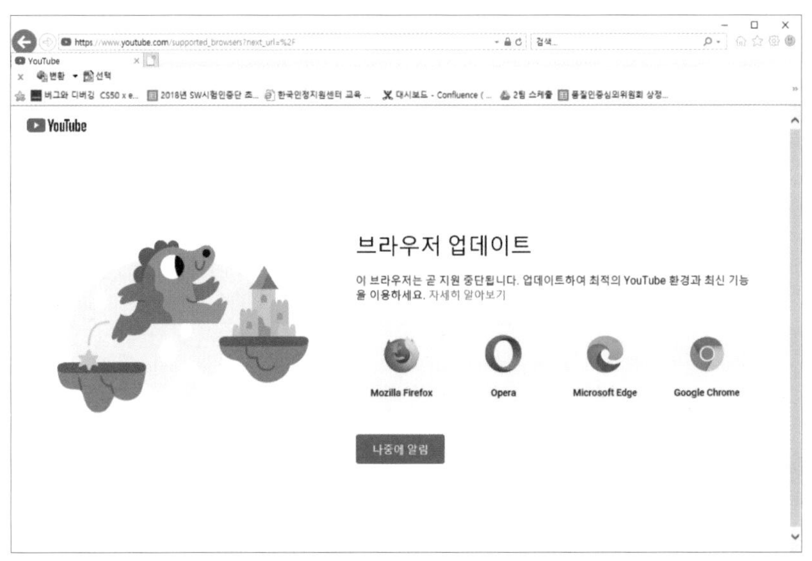

인터넷 익스플로러에서 유튜브 접속 시 나타나는 화면

에서도 취약한 점이 부각되면서 유튜브, 네이버 등에서 인터넷 익스플로러 지원을 중단하고 있거든요.

유튜브에 접속하면 "이 브라우저는 곧 지원이 중단됩니다"라는 메시지를 보여주고, 파이어폭스, 오페라, 엣지, 크롬 등을 다운로드 받을 수 있는 링크까지 보여주고 있습니다.

심지어 인터넷 익스플로러를 개발한 마이크로소프트 회사 조차도 기술적 지원을 포기했을 정도입니다. 한때 높은 시장 점유율을 자랑하며 웹 브라우저의 대명사로 통했던 인터넷 익스플로러가 역사의 뒤안길로 쓸쓸히 사라지고 있습니다. 이제 우리도 인터넷 익스플로러와 작별인사를 할 때가 온 것 같군요.

모질라 커뮤니티의 불타는 여우, Firefox

인터넷이 점차 확산되던 1992년 일리노이드의 한 대학생이 '모자익'이라는 웹브라우저를 개발했어요. 이것은 훗날 '네스케이프(Netscape)'로 발전했지요. 1990년대 중반 '네스케이프'는 80퍼센트 이상의 시장 점유율을 차지할 정도로 웹브라우저 시장을 주름잡는 녀석이었답니다. 그러나 마이크로소프트 사의 인터넷 익스플로러 끼워 팔기 정책으로 네스케이프의 시장 점유율이 1퍼센트로 추락하고 말지요. 결국 2008년 2월 서비스 종료 선언과 함께 슬픈 역사의 뒤안길로 사라지게 되었답니다.

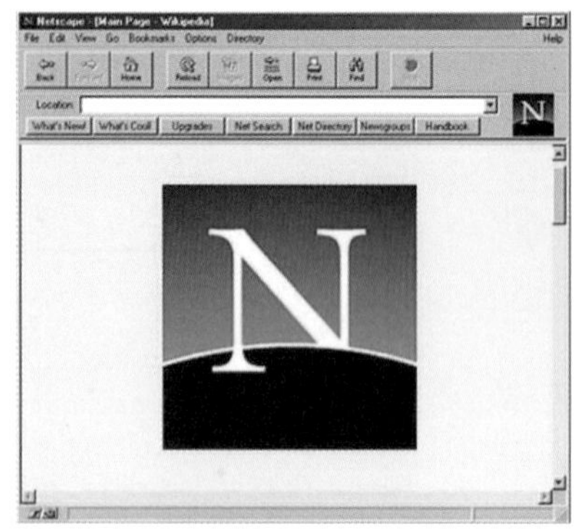
네스케이프 웹브라우저

2003년 네스케이프 개발팀은 네스케이프의 부활을 꿈꾸며

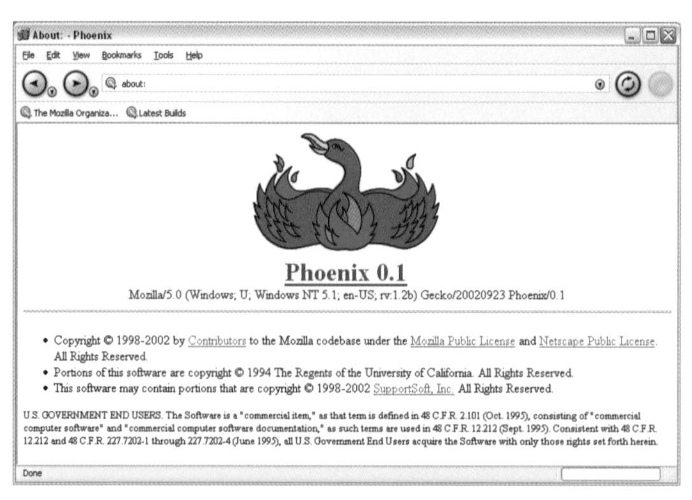

불사조(Phoenix 0.1) 웹브라우저

모질라 파운데이션으로 옮겨 웹브라우저 개발을 다시 착수했답니다. '불사조(Phoenix)'라는 이름으로 웹브라우저를 출시했는데요. '죽지 않는 새'라는 뜻을 가진 불사조는 과거 네스케이프를 재건하고자 하는 굳은 의지가 느껴집니다. 그 후 이름이 불새(Firebird)로 변경되었지만 상표권의 이유로 현재는 '파이어폭스(Firefox)'라는 이름을 사용하고 있어요.

파이어폭스의 로고는 어느 이야기책에서 영감을 얻어 탄생했어요. 이 책에는 복수를 위해 불타는 줄로 묶은 여우를 옥수수 밭에 풀어놓는 장면이 묘사되고 있는데요. 불꽃에 휩싸인 여우와

어두운 푸른빛 배경은 현재의 파이어폭스 웹브라우저의 로고에 고스란히 담겨 있답니다.

구글의 크롬, Chrome

인터넷 익스플로러의 인기는 10여 년 동안 이어졌지요. 하지만 2008년 크롬(Chrome)의 등장으로 인터넷 익스플로러의 아성이 무너지게 됩니다. 빠른 속도와 확장성을 가지고 있는 강자가 등장했기 때문이죠. 이 웹브라우저가 바로 구글 회사가 만든 '크롬'인데요. 크롬 웹브라우저는 전 세계 웹브라우저 시장에서 1위를 차지할 정도입니다.

웹브라우저 이름이 독특한데요. 은백색 광택의 금속인 '크롬'이라는 이름이 어떤 이유로 사용된 것일까요?

구글의 디자인 책임자인 글렌 머피는 '크롬'이 지어진 배경을 어느 웹사이트를 통해 소개했습니다.

소스 코드

소프트웨어는 명령어를 작성해 만들어집니다. 이 명령어들을 '소스 코드'라고 부르고 있어요. 소스 코드에 대한 설명은 Story 7에서 살펴볼 수 있어요.

개발 초기 웹브라우저를 개발했던 팀은 소스 코드의 이름을 정하기 위해 팀원들과 의견을 모았다고 해요. 많은 이름이 거론되었지만, 인상적인 이름을 찾지 못하는 상황에서 누군가가 '크롬'이라는 단어를 제안했지요. 사람들에게 강한 인상을 주었던 '크롬'은 팀원들의 만장일치로 소스 코드 이름으로 낙점되었다고 합니다.

구글 개발팀은 크롬이라는 단어에 애착을 갖기 시작했어요. 반짝이고 은백색의 금속인 '크롬'이 날쌔고 빛나는 자동차를 연상시켜 빠른 속도의 크롬 웹브라우저와 어울린다고 생각했던 거예요.

개발팀은 웹브라우저 개발이 완료되어 새로운 이름을 붙이기 위해 고심했지만, '크롬'이라는 단어를 벗어나기 어려웠다고 합니다. '크롬'이라는 이름이 제품의 디자인 철학을 잘 반영하고 있다는 개발팀의 의견으로 지금의 크롬 웹브라우저가 탄생하게 되었답니다.

애플의 아프리카 여행, Safari

아이폰으로 유명한 애플은 개인용 컴퓨터를 만드는 회사이기도 합니다. 1990년대 말까지 애플은 자신만의 웹브라우저가 없었기 때문에 자사에서 만드는 개인용 컴퓨터에 네스케이프, 인터넷 익스플로러 등을 설치해 판매했어요. 하지만 2003년 1월 '사파리(Safari)'라는 애플만의 웹브라우저를 출시하게 됩니다.

전 세계적으로 많은 웹브라우저가 이미 존재하는 상황에서 애플은 새로운 웹브라우저의 이름을 정하는 데 어려움을 겪었다고 해요. 스티브 잡스는 마이크로소프트 사의 인터넷 익스플로러로부터 해방된다는 의미로, '프리덤(Freedom)'이라는 이름을 제안하기도 했지만, 결국 '사파리'라는 이름으로 세상에 소개되었답니다.

전 세계적으로 보면 사파리 웹브라우저의 시장 점유율은 그

리 높지 않지만, 아이폰의 대중화에 힘입어 스마트폰 웹브라우저 시장에서는 우위를 차지하고 있어요.

사파리의 사전적 정의는 '아프리카로의 여행'이에요. 거대한 자연과 야생을 관찰하며 추억을 사진에 담기 위해 떠나는 여행을 의미합니다. 아프리카 탐험을 위해 나침반이 꼭 필요하듯 사파리 웹브라우저가 인터넷 바다로 향하는 나침반같이 느껴집니다.

25

정보를 실어 나르는 고속도로

우리는 고속도로 덕분에 서울에서 부산까지 5시간 만에 갈 수 있어요. 물론 KTX를 타면 2시간 30분으로 시간을 단축할 수 있지만요. 고속도로가 없었던 과거에는 어땠을까요? 먼 옛날에는 기차가 서울에서 부산으로 이동하는 가장 빠른 교통수단이었다고 해요. 그래도 12시간이나 걸렸지요.

전국 고속도로 지도

'고속도로'는 빠른 속도로 달리 수 있는 도로를 의미해요. 그런데 인터넷을 구축하는 정부 사업에도 '고속도로'라는 이름이 붙은 적이 있습니다. 그것은 바로 '정보 고속도로'예요. 서울과 부산을 이어주는 경부 고속도로가 우리에게 1일 생활권의 혁명을 가져다준 것처럼, 정보 고속도로도 우리에게 생활의 혁명을 안겨준 녀석입니다.

1990년대 전화에 모뎀을 연결해 천리안, 하이텔에 접속했던 추억의 시절이 있었어요. 귀뚜라미

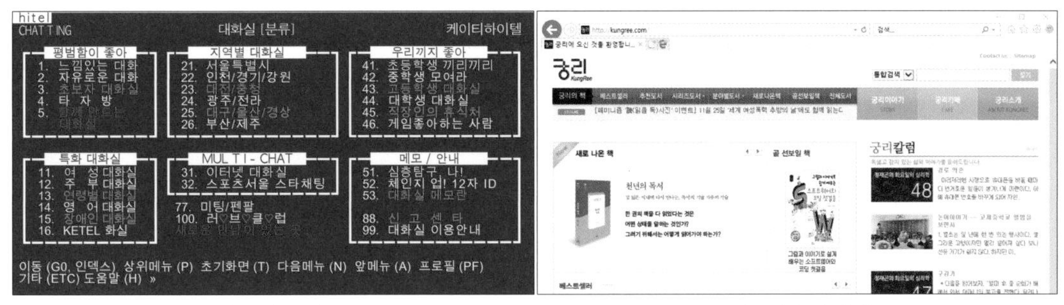

하이텔 화면　　　　　　웹브라우저 화면

소리 같은 모뎀 소리와 36kbps 정도의 느려 터진 속도로 통신을 즐겼던 때이지요. 그 당시에는 인터넷이라는 말보다 '하이텔 통신'처럼 '통신'이라는 말이 어울렸던 시기였어요.

1994년 정보 고속도로(information super highway)가 구축되면서, 인터넷의 속도가 빨라지게 되었어요. 정보 고속도로를 구축하기 위해 광케이블과 네트워크 장비가 전국에 설치되었고, 2002년 '초고속정보통신망'라는 이름으로 고속도로가 완공되었지요. 수백 Mbps의 속도로 정보(데이터)를 실어 나를 수 있는 도로가 만들어진 거예요. 정보 고속도로 덕분에 깊은 시골에서도 인터넷의 혜택을 누릴 수 있게 되었어요.

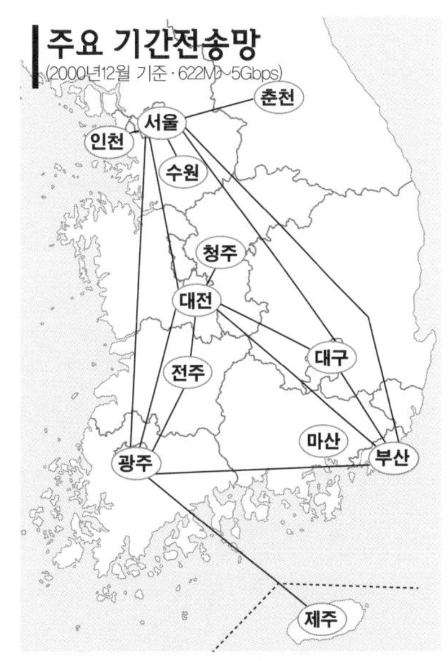

주요 도시를 연결하는 정보 고속도로의 모습

인터넷 속도에 Mbps, Gbps라는 단위를 사용합니다. 100Mbps에서 M의 Mega를 사용해 '메가급 인터넷'이라고 부르고요, 1Gbps에서 G의 Giga

를 사용해 '기가급 인터넷'이라고 부르고 있어요.

가끔 길을 걷다 보면, 광케이블 주의 표지판을 볼 수 있는데요. 정보 고속도로를 위해 땅바닥 아래에 광케이블이 설치되었다는 의미랍니다. 정보고속도로를 구축하는 과정에서 깔린 선들이에요.

1994년 3월 14일자 《경향신문》에 "정보고속도로, 21세기 최대 생활혁명 예고"라는 타이틀로 미국의 초고속망을 소개하는 기사 내용이 재미있습니다. 네트워크를 우리말로 '망'이라는 단어를 사용하고 있는데요. 초고속망은 '정말 빠른 속도의 네트워크'란 의미이지요. 현재는 너무나 당연하게 사용되고 있는 초고속망이 1990년대는 "21세기 최대 생활혁명 예고"라는 타이틀이

정보고속도로

21세기 최대「생활혁명」예고

워싱턴일대 네트플렉스 성공적 가동

1千여 관련기업 DB와 거미줄 연결

美 전체정보량 절반처리… 가입자 급증

美 고어副統領 중심 준비 가속화

전자·전기·증권社들 활용 부쩍늘어

1994년 3월 14일《경향신문》

붙을 정도니 그 당시에는 대단한 기술임에는 틀림없어 보입니다. 이 기사 본문에는 '거미줄 연결'이라는 단어를 사용하면서까지 네트워크, 웹 등의 용어를 쉽게 설명하고 있어요.

---

25. 정보를 실어 나르는 고속도로

웹사이트 이야기

26

서버와 클라이언트

인터넷 상에서 사용되는 컴퓨터들을 '서버'와 '클라이언트'로 분류할 수 있어요. 서버(server)는 serve와 er이 결합된 단어인데요. 레스토랑에 가면 '웨이터'가 손님한테 주문을 받고 음식을 서빙하는 것처럼, 인터넷 공간에서도 서비스를 제공하는 컴퓨터를 '서버'라고 부르고 있어요. 서비스를 제공하는 컴퓨터가 있다면, 서비스를 받는 컴퓨터가 있겠죠. 이 컴퓨터를 '클라이언트(client)'라고 부른답니다. 클라이언트는 레스토랑의 손님과 같은 역할을 해요. 우리가 집에서 사용하는 컴퓨터는 거의 대부분 클라이언트입니다.

요즘 패밀리 레스토랑에 가면, '웨이터'란 말보다는 '서버'라는 단어를 많이 사용해요. 서비스를 제공하는 사람이나 컴퓨터를 '서버'라고 부른답니다.

레스토랑의 웨이터와 손님의 관계를 살펴보면, 서버와 컴퓨터의 관계를 이해하기가 쉬워집니다. 손님은 맛집으로 알려진 유명한 레스토랑을 찾아갑니다. 손님이 레스토랑에 가서 테이블에 앉으면 담당 웨이터가 메뉴판을 보여주고 식사 주문을 받지요. 손님이 음식을 주문하면, 잠시 후에 웨이터가 따끈따끈한 음식을

테이블까지 가져다주고 주문한 음식이 맞는지 확인하지요.

인터넷 공간에서 서버와 클라이언트의 관계도 마찬가지입니다. 클라이언트 컴퓨터에서 웹브라우저를 실행하고, 주소창에 URL(예: www.naver.com)을 입력하면 거미줄 같은 네트워크를 통해 서버가 위치한 곳을 찾아갑니다(153쪽 그림의 ❶). 서버는 클라이언트에게 서비스를 제공하는 컴퓨터예요. 웹서비스에는 뉴스, 요리, 날씨 등의 메뉴가 있어요. 클라이언트가 서버에 접속하면, 서버는 웹페이지에 담길 기사, 동영상, 사진 등을 클라이언트에 보내줍니다(❷).

클라이언트가 웹페이지에서 뉴스(news) 메뉴를 클릭하면 서

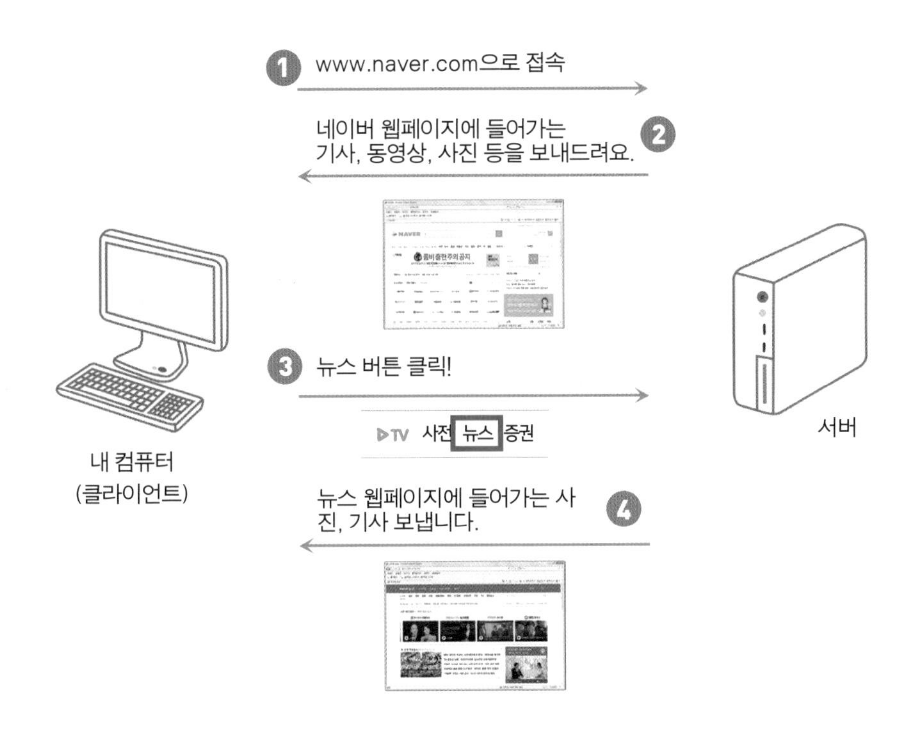

버에게 "뉴스 웹페이지를 보여주세요"라고 요청하는 거예요(③). 요청을 받은 서버는 웹페이지에 담길 사진, 글자 등을 클라이언트에게 보내주고요(④). 클라이언트에 사진, 기사, 동영상 등이 배달되면 웹브라우저는 이들을 모아 웹페이지를 만들어줍니다.

서울에서 부산 친구와 전화통화를 할 수 있는 것은 전국에 전화망이 구축되었기 때문에 가능한 거예요. 스마트폰으로 전화를 할 수 있는 것도 전국에 기지국이 설치되었기 때문에 가능한 것이고요. 컴퓨터도 마찬가지예요. 컴퓨터와 컴퓨터 간 데이터를 주고받을 수 있는 것도 전국에 인터넷 망이 구축되어 있어 거미줄같이 서로 이어져 있기 때문이에요. Story 5에서 설명한 정보

고속도로가 바로 인터넷 망인데요. 택배기사가 경부 고속도로로 물건을 배달하듯이 컴퓨터의 데이터들은 인터넷 망을 통해 운반되고 있는 거랍니다.

클라이언트가 서버로 홈페이지를 접속할 경우, 서비스 요청 내용이 다음 그림처럼 인터넷 망을 거쳐 서버로 전송된답니다.

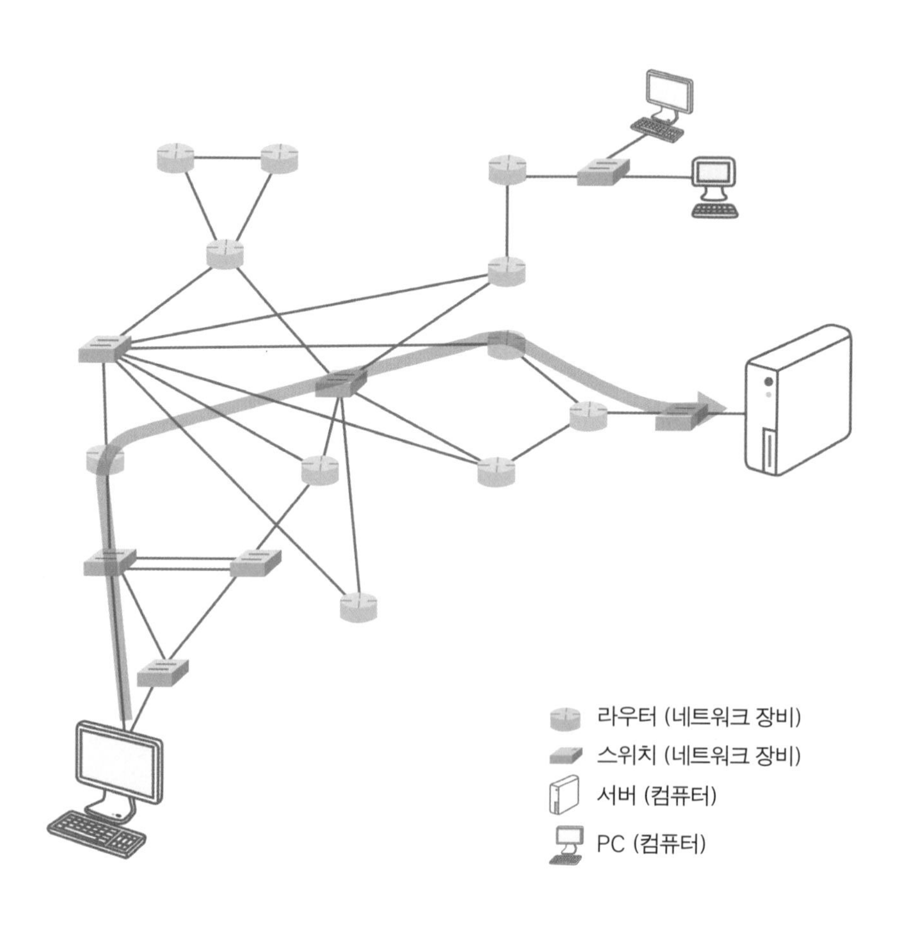

27

네이버와 다음은 포털사이트

네이버, 다음, 네이트 등을 '포털사이트(Portal Site)'라고 부릅니다. 포털사이트란 병원, 영화관, 도서관 등 내가 원하는 웹사이트를 찾을 수 있도록 도와주고, 뉴스, 날씨, 여행 등과 같은 유용한 정보를 찾을 수 있도록 도와주는 특별한 웹사이트를 말해요. 포털사이트를 이용하면 전 세계에 위치해 있는 정보를 찾을 수 있어요. 포털사이트가 전 세계의 웹사이트를 찾아가기 위해 거쳐가야 할 '입구'의 역할을 하기 때문에 그 이름에도 '포털(portal)'이라는 단어가 사용되었지요.

날씨를 확인하기 위해 네이버, 다음 등의 포털사이트에서 '날씨'라는 단어를 검색하면 날씨에 관련된 웹사이트를 찾을 수 있고, '선글라스'라고 검색하면 선글라스를 판매하는 인터넷 쇼핑몰을 찾을 수 있어요. 그렇기 때문에 포털사이트는 사용자가 원하는 정보를 정확하게 찾아줄 수 있어야 합니다.

검색엔진
사용자가 원하는 정보를 찾아주는 소프트웨어를 '검색엔진'이라고 부른답니다.

초창기의 포털사이트는 사용자가 원하는 웹사이트를 찾기 위

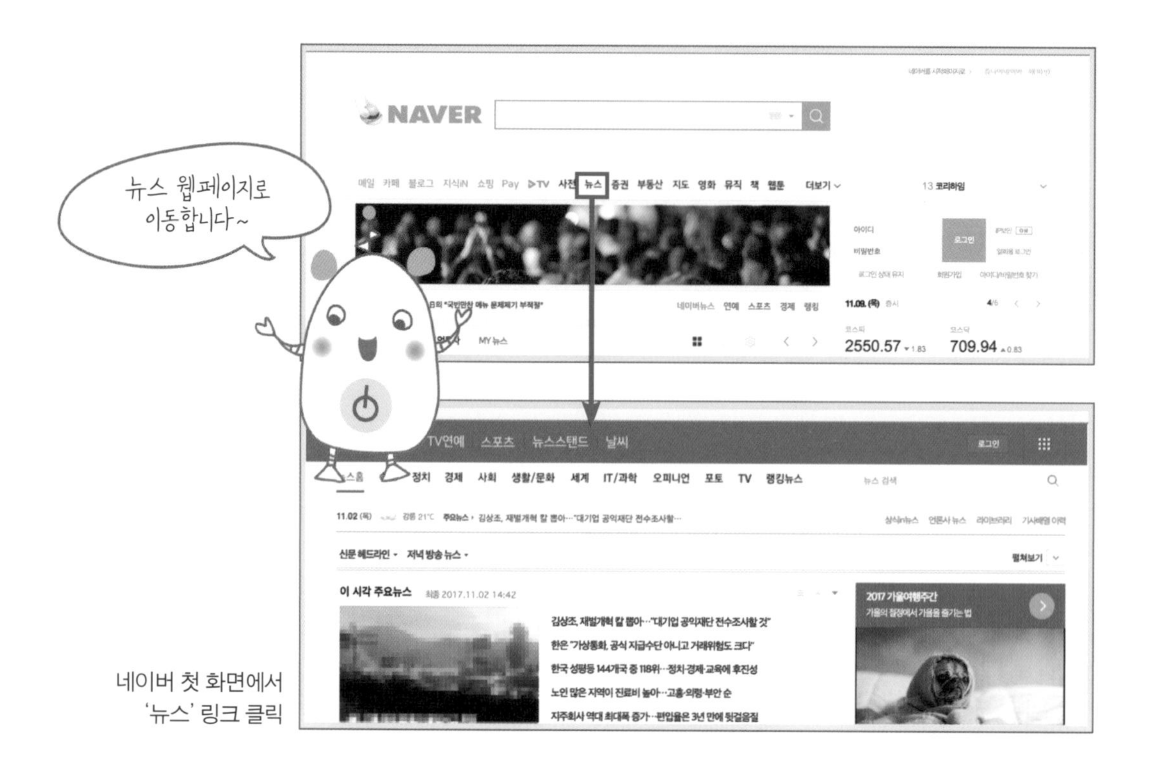

네이버 첫 화면에서
'뉴스' 링크 클릭

해 첫 번째로 방문해야 하는 경유지 역할이 컸지만, 포털사이트에 대한 역할과 의미가 많이 달라졌어요. 이제는 원하는 웹사이트를 찾아줄 뿐만 아니라 사용자들이 즐길 수 있는 공간이 되고 있지요. 기상청 웹사이트를 방문하지 않더라도 포털사이트에서 잘 정리된 날씨 정보를 확인할 수 있고, 다양한 신문사의 뉴스를 골라서 볼 수 있지요. 어린이부터 어른까지 즐길 수 있는 다양한 게임이 있는 것은 물론이고요. 포털사이트의 블로그, 카페 등을 통해 많은 사람들이 모일 수 있으니 포털사이트는 이제 우리 생활의 일부가 되었어요.

네이버에는 수십 개의 메뉴가 있고, 이 메뉴들은 서로 다른 웹페이지와 연결되어 있어요. '뉴스' 메뉴를 클릭하면 뉴스 웹페이지가 나타나는 것도 '뉴스' 메뉴와 웹페이지를 이어주는 연결고리가 있기 때문이에요. 이것을 '하이퍼링크(hyper link)'라고 부릅니다. 글자에 마우스(↖)를 가까이 가져가면 손 모양(☝)이 나타나거나 글자에 밑줄이 나타나면 웹페이지와의 링크(연결고리)가 있는 거예요.

28

미운 오리새끼, 액티브 X

인터넷을 사용하다 보면 '액티브 X(Active X)'라는 단어를 한 번쯤은 접해본 적 있을 거예요. 다음 그림과 같이 웹브라우저 상단에 노란색 경고 메시지가 나타나고, 무엇인가를 설치하라는 내용이 적혀 있다면 액티브 X 기술을 이용하는 거예요.

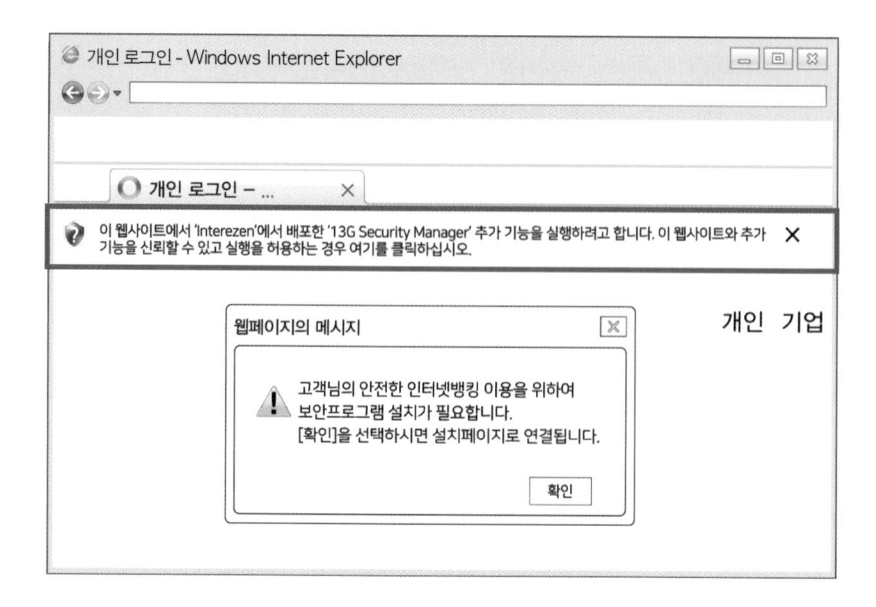

노란 박스의 내용을 해석해보면, "웹페이지 실행에 필요한 기능이 있어서 그러는데요. 당신의 컴퓨터에 기능을 설치해도 될까요? 저를 믿으신다면 클릭해주세요"라는 내용이 적혀 있어요.

이 웹사이트에서 'Interezen'에서 배포한 '13G Security Manager' 추가 기능을 실행하려고 합니다. 이 웹사이트와 추가 기능을 신뢰할 수 있고 실행을 허용하는 경우 여기를 클릭하십시오.

웹사이트를 방문하려는데 내 컴퓨터에 왜 추가 기능을 설치하라고 하는 걸까요? 그리고 나한테 허락을 구하는 이유는 무엇일까요?

인터넷이 시작되었던 1990년대 초만 해도 웹페이지를 통해 그림, 글자 등이 담긴 정적인 페이지만 보여줄 수 있었어요. 동영상 재생과 같은 일은 상상조차 할 수 없었지요. 시간이 지나면서 사용자들은 동영상 재생, 인터넷 뱅킹 등을 원했지만, 당시의 웹브라우저 기술로는 한계가 있었어요.

이를 위해 개발된 기술이 바로 마이크로소프트 사의 액티브 X 예요. 이름에서도 힌트를 얻을 수 있듯이, 그림과 글자로만 이루어진 정적인 웹페이지를 더한층 액티브하게 만들어줄 수 있는 기술이지요.

액티브 X는 웹브라우저와 내 컴퓨터에 설치된 프로그램을 연결해주는 기술로 OLE(Object linking & Embedding) 기술의 일부를 말해요.

예를 들어 실시간 TV 방송을 보기 위해 tv.cbc.co.kr에 접속하는 상황을 한번 살펴볼게요. 웹사이트에 접속하자마자 소프트웨어를 설치하라는 화면이 나타나는데요. 고화질 생방송 서비스를 이용하기 위해서는 방송사가 개발한 소프트웨어인 '플레이어 TV' 프로그램을 추가로 내 컴퓨터에 설치해야 해요.

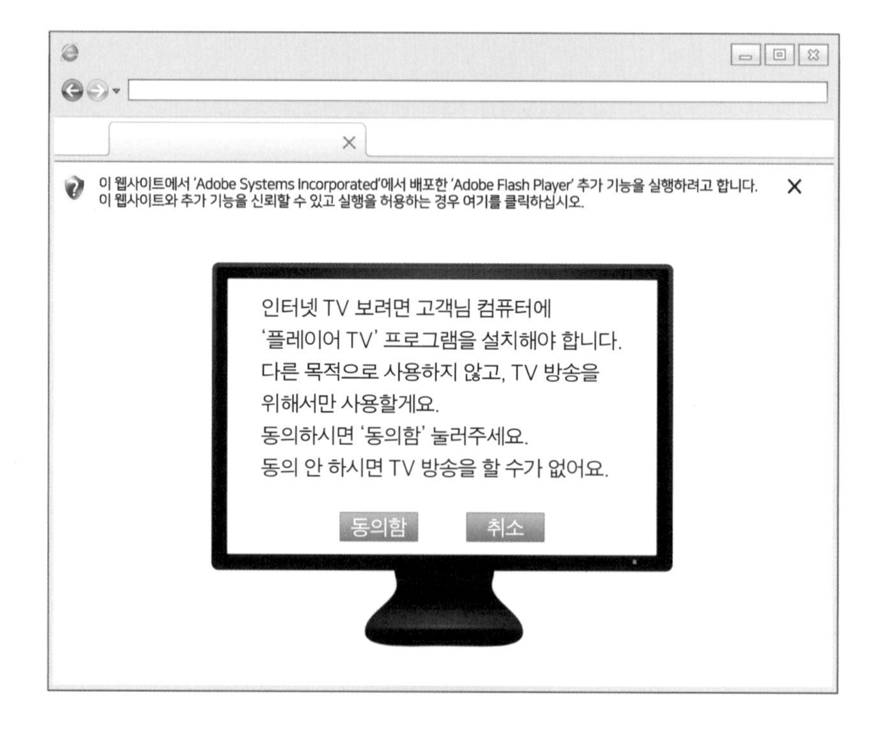

우리 눈에는 보이지 않지만 추가 기능은 다음과 같은 순서로 설치된답니다.

(1단계) tv.cbc.co.kr에 접속하면, 추가 기능을 설치하라고 웹 페이지 상단에 노란색 줄이 나타납니다.

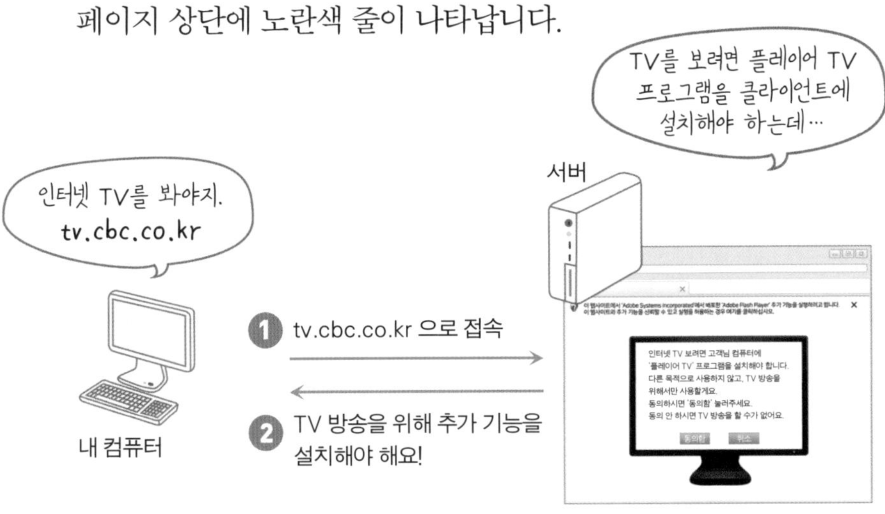

(2단계) '예'라고 동의하면 플레이어 TV를 설치합니다.

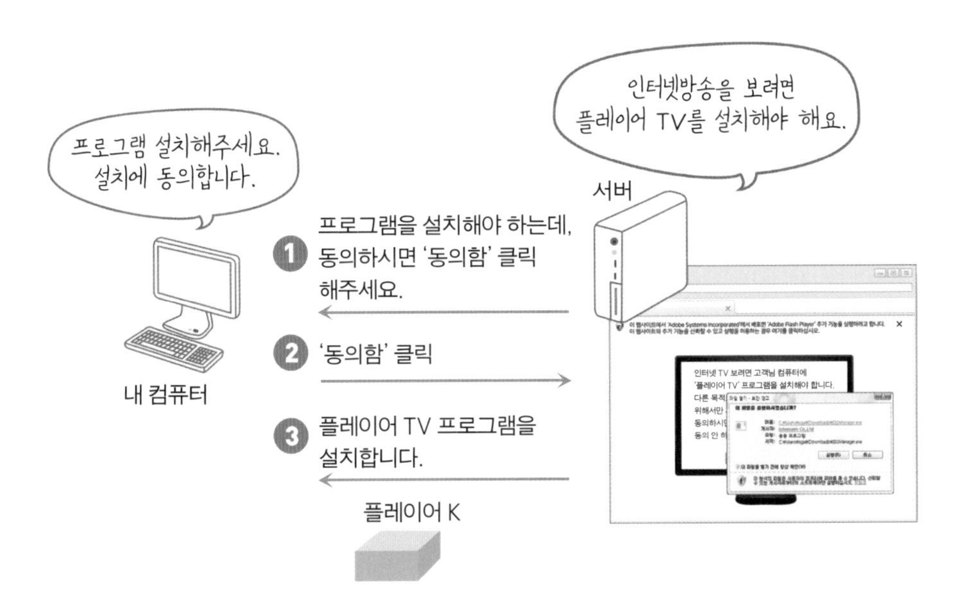

(3단계) 액티브 X 컨트롤이 동작해 웹사이트와 프로그램이 연결됩니다. 웹사이트를 접속하면 자동으로 내 컴퓨터에 설치된 프로그램이 실행되지요.

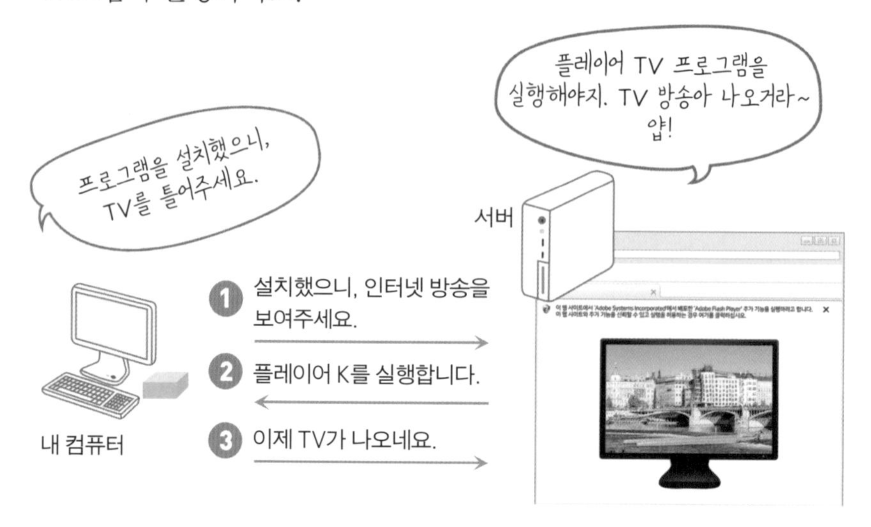

이런 과정을 거치게 되면 웹사이트에서 고화질의 방송을 볼 수 있게 된답니다. 웹사이트에서 TV 방송을 볼 수 있는 것은 서버 컴퓨터의 웹사이트와 내 컴퓨터에 설치된 플레이어 TV와의 연결고리가 생겼기 때문에 그래요. 이 연결고리가 바로 액티브 X 컨트롤이에요.

우리가 실시간 TV 방송 웹사이트에 접속하면 액티브 X 컨트롤을 이용해 내 컴퓨터에 있는 프로그램을 실행시키는 거예요.

액티브 X 컨트롤은 서버의 소프트웨어와 내 컴퓨터의 소프트웨어가 서로 데이터를 주고받기 위해 사용되는 매우 작은 프로그램이에요. 이 작은 프로그램으로 내 컴퓨터에 설치된 프로그램을

제어(컨트롤)할 수 있기 때문에, '액티브 X 컨트롤'에서 '컨트롤' 이라는 단어가 포함된 거예요. 서버가 "플레이어 K 프로그램을 실행해라~ 얍!"이라고 명령을 내리면, 내 컴퓨터의 프로그램을 실행할 수 있는 제어권을 가지게 되는 거예요.

그런데 추가 기능을 내 컴퓨터에 설치하고 싶으면 서버가 알아서 내 컴퓨터에 설치하면 될 것이지 왜 나에게 허락을 구하는 걸까요?

'추가 기능을 신뢰할 수 있고 실행을 허용하는 경우에 여기를 클릭하십시오'

×

이 웹사이트에서 'Interezen'에서 배포한 '13G Security Manager' 추가 기능을 실행하려고 합니다. 이 웹사이트와 추가 기능을 신뢰할 수 있고 실행을 허용하는 경우 여기를 클릭하십시오.

액티브 X가 사용되었던 초기에는 사용자의 동의가 없이도 액티브 X 설치가 가능했어요. 하지만 액티브 X 컨트롤이 사용자 컴퓨터를 마음대로 조정할 수 있다는 점을 악용해 컴퓨터에 악성코드나 바이러스가 설치되는 문제점이 발생했어요.

마이크로소프트 사는 액티브 X 컨트롤의 무분별한 설치를 막기 위해 윈도우 운영체제의 보안을 강화했고, 출처가 불분명한 웹사이트로부터의 액티브 X 컨트롤 설치를 막고 있답니다. 그래서 웹브라우저의 노란색 네모 박스에 "추가 기능을 신뢰할 수 있고 실행을 허용하는 경우 여기를 클릭하십시오"라는 내용으로 사용자에게 주의를 주고 있는 거예요.

액티브 X 기술은 마이크로소프트 사가 만든 인터넷 익스플로러에서만 동작하는 기술로 크롬, 파이어폭스 등과 같은 다른 웹브라우저에서는 사용할 수 없어요. 그당시 우리나라 대다수 국민이 윈도우 운영체제를 사용하고 또 자연스럽게 인터넷 익스플로러를 사용하다 보니 소프트웨어 개발기업들도 액티브 X 기술을 이용해서 웹사이트를 개발했고, 국내에서는 보편화된 방법이 되었어요. 하지만 글로벌 시대에 전 세계 사용자들이 국내 웹사이트를 방문한다는 점을 생각하면, 특정 웹브라우저에서만 동작하는 이 기술은 웹 접근성을 떨어뜨리는 주범이 되고 말았답니다.

김수현과 전지현이 등장한 〈별에서 온 그대〉가 중국에서 큰 인기를 끌면서 중국팬들이 한국의 인터넷 쇼핑몰에서 한류상품을 사려고 했지만, 액티브 X 때문에 상품 구입을 포기했다고 합니다. 중국팬들이 사용하는 웹브라우저에서는 액티브 X 기술이 무용지물이 되니, 액티브 X로 도배된 국내 인터넷 쇼핑몰에서 상품을 결제할 수 없었던 게 원인이었지요.

액티브 X에 의존하고 있는 이런 한국의 인터넷 생태계를 '갈라파고스'에 비유하곤 합니다. 글로벌 트렌드와는 다르게 한국에서는 액티브 X에 의존적인 개발이 확산되었어요. 그러다 보니 사용자들도 액티브 X가 가능한 인터넷 익스플로러만 사용해야 했고, 한국에서만 유독 인터넷 익스플로러의 시장 점유율이 높았던 때가 있었습니다. 다양한 웹브라우저가 공존하는 외국과는 대조적인 현상이었지요.

갈라파고스

'갈라파고스'는 에콰도르 해안 근처의 섬 이름이에요. 섬을 여행하면 이곳에서만 사는 동물들을 구경할 수 있는데요. 갈라파고스에는 외부의 영향 없이 그들만의 고유한 생태계가 만들어졌다고 합니다. 이렇게 국제 흐름을 따르지 않고 독자적으로 만들어진 생태계를 '갈라파고스'에 비유하곤 하지요.

이런 배경에서 2012년부터 정부 차원에서 액티브 X를 걷어내기 시작했어요. 액티브 X를 대체하기 위해 HTML5 웹 표준 기술을 이용한 전자서명, 키보드 보안, 개인방화벽 등의 솔루션이 출시되었답니다. 이제 외국인들도 한국의 인터넷 쇼핑몰에서 한류상품을 자유롭게 구입할 수 있게 되었고, 웹사이트를 접속하면 액티브 X 설치를 강요하는 팝업창도 찾아보기 어려워졌습니다.

표준

표준은 이렇게 강력한 위력을 가지지요. 약속된 방법으로 웹페이지를 만드니 다양한 웹브라우저에서 볼 수 있게 되지요.

과거 거의 모든 웹사이트에서 프로그램 설치를 위해 액티브 X 기술을 이용했었지만, 이제는 액티브 X 기술을 걷어내기 위해 프로그램 실행파일을 사용자가 직접 다운로드 받는 방식으로 변경되었습니다. 액티브 X 대신에 실행파일을 다운로드하는 방식이 안전을 위한 최선의 방법은 아닐 수도 있지만, 한 가지 웹브라우저에만 의존적이던 국내 환경이 다양한 웹브라우저를 실행할 수 있는 환경으로 변화하고 있답니다.

코딩 이야기

29

컴퓨터와 대화하는 방법, 코딩

미국 사람들과 대화하기 위해서는 영어라는 언어를 사용해야 하고, 일본 사람과 대화하기 위해서는 일본어로 말을 해야 해요.

그렇다면, 컴퓨터는 무슨 언어를 사용할까요? 컴퓨터는 0과 1로 이루어진 '기계어'를 사용하고 있어요. 01011010과 같은 기계어를 인간이 이해하는 것은 거의 불가능하기 때문에 인간에게 친숙한 단어로 컴퓨터 프로그래밍 언어를 만들었어요.

10110000 01100001이라는 바이너리 코드 대신에 MOV AL, 61h라는 명령어를 작성할 수 있는 '어셈블리 언어(assembly language)'가 개발되어 명령어를 작성하는 어려움은 한결 줄어들었지요. 그래도 어셈블리 언어는 기계어와 가까운 '저급 프로그래밍 언어'예요.

어셈블리 언어는 CPU, 레지스터, 메모리 등과 같은 하드웨어를 잘 알아야 명령어를 작성할 수 있었기 때문에 언어를 배우거나 작성하는 데 어려움이 있어요. 그래서 더 쉽고 더 발전된 '고

 프로그래밍

종종 프로그램(Program)과 프로그래밍(Programming)을 혼용할 때가 있는데요. 프로그램은 카카오톡, 웹브라우저와 같은 소프트웨어예요. 프로그래밍은 program에 ing가 붙은 용어로 행동을 나타내는 의미를 담고 있지요. 그래서 '프로그래밍'이란 프로그램을 만들기 위해 명령어를 작성하는 과정을 말해요. 01010101과 같은 코드를 작성한다고 해서 '코딩(coding)'이라고 부르고 있기도 해요.

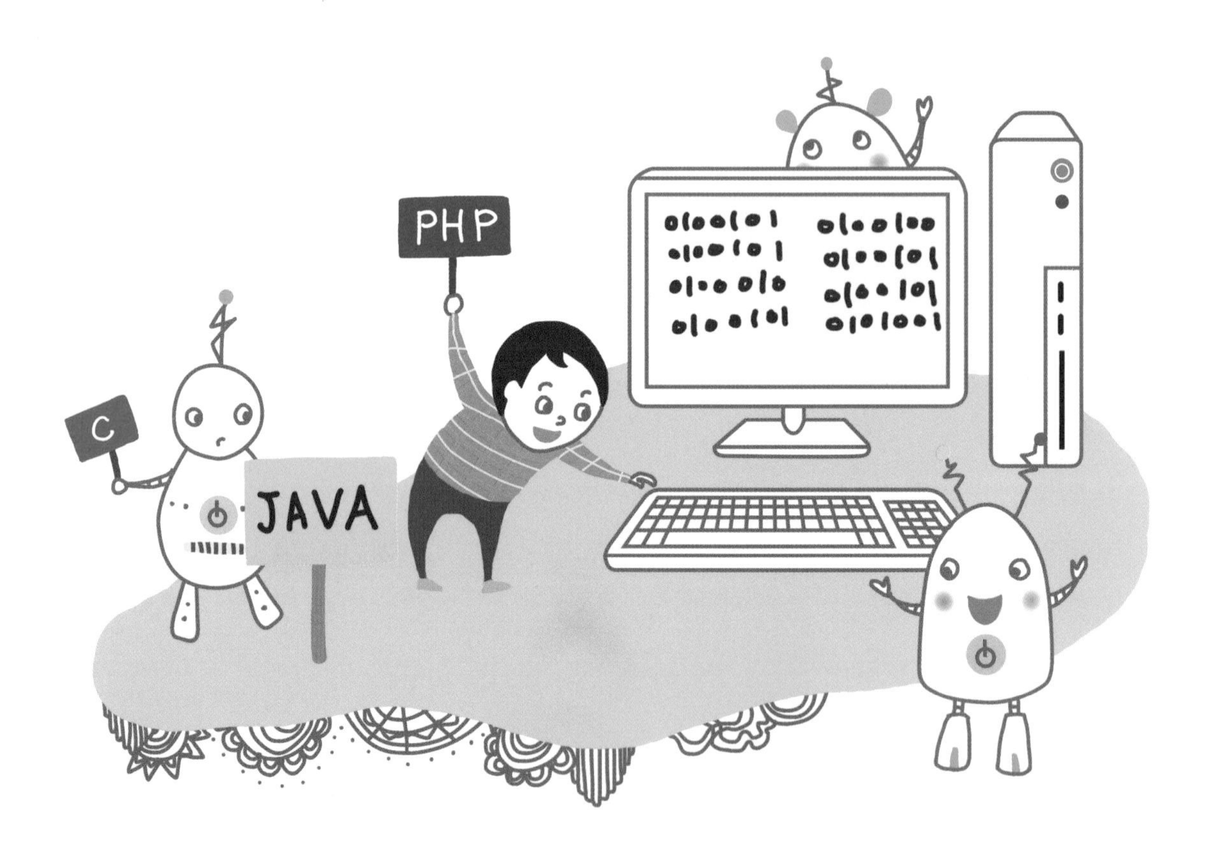
PHP
C
JAVA

급 프로그래밍 언어'가 만들어졌는데요. 우리가 사용하는 Java, C, C#, PHP가 바로 고급 프로그래밍 언어랍니다. 이 언어들에는 우리가 실생활에서 사용하는 while(~하는 동안에), if(~라면), exception(예외)과 같은 단어가 명령어로 사용되고 있어요. 프로그래밍 언어에 영어 단어가 사용된 것은 유럽, 미국 등에서 언어가 개발되었기 때문이에요.

고급 프로그래밍 언어로 작성된 소스 코드

```
public static void main(String[] args){
...
  if(hour > 8)
    Pay=RATE * 8 + 1.5 * RATE * (hour-8);
  else
    Pay=RATE * hour;

...
```

기계어로 작성된 바이너리 코드

```
01110011 01100101 01110010 01
01100101 01110010 00100000 01
01101000 01100001 01110100 00
01100100 01101001 01110011 01
01110010 01101001 01100010 01
01110100 01100101 01110011 00
01100001 01101110 01111001 00
01101001 01101110 01100011 01
01101101 01101001 01101110 01
00100000 01101101 01100101 01
01110011 01100001 01100111 01
01110011 00100000 01110100 01
00100000 01100001 01101100 01
00001101 00001010 00100000 00
```

왼쪽 그림은 소스 코드(source code)를 보여주고 있고, 오른쪽 그림은 목적 코드(object code) 혹은 바이너리 코드(binary code)를 보여주고 있어요.

컴퓨터는 0과 1밖에 모르기 때문에 소스 코드를 컴퓨터에게 주면 "무슨 말이지 모르겠어요"라는 반응을 보입니다. 그래서 소스 코드를 컴퓨터가 이해할 수 있는 명령어로 바꿔주는 번역기를

사용해야 하는데요. 이 번역기를 '컴파일러(compiler)'라고 불러요. 사람들이 고급 언어로 명령어를 작성하면 '컴파일러'로 컴퓨터가 이해할 수 있는 코드로 바꿔줘야 해요.

고급 언어로 작성된 명령어를 '소스 코드(source code)'라고 부르고 있고, 기계어로 작성된 명령어를 '목적 코드(object code)' 혹은 '실행 가능한 코드(executable code)'라고 부르고 있어요. 사람들이 원본(source) 코드를 만들면 컴파일러는 바이너리 코드로 바꿔주기 때문에 source와 object이라는 단어를 사용하고 있어요. 소스 코드가 번역되어 바이너리 코드가 되면, 이제 CPU가 코드를 이해하고 실행할 수 있게 됩니다. 그래서 '실행 가능한 코드'라고 부르기도 해요.

한글, 워드 등의 프로그램은 바이너리 코드로 변환된 형태로 판매되고 있어요. 그래야 컴퓨터에서 실행 가능하기 때문이에요. 물론, 소프트웨어 개발 기업에서 핵심 기술이 유출될 수 있어 소스 코드를 판매하지 않는답니다.

한편, 리눅스와 같이 공개와 나눔을 실천하는 커뮤니티에서는 소스 코드를 공개하고 있어요. 이렇게 공개된 소프트웨어를 공개 소프트웨어(open source software) 혹은 오픈 소스(open source)라고 합니다.

30

코딩 언어 이야기

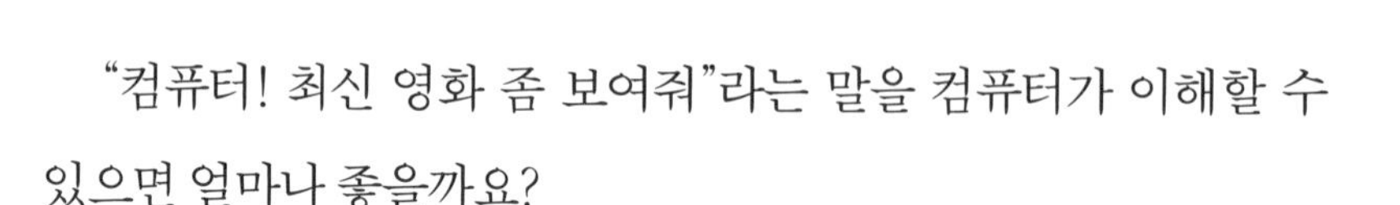

"컴퓨터! 최신 영화 좀 보여줘"라는 말을 컴퓨터가 이해할 수 있으면 얼마나 좋을까요?

하지만 컴퓨터가 사람의 말을 이해할 수 없으니 우리 사람이 컴퓨터가 이해할 수 있는 언어를 사용해 0101010과 같은 코드로 명령을 내려야 하지요. "컴퓨터! 최신 영화 좀 보여줘"라는 명령 대신에 컴퓨터가 이해할 수 있는 프로그래밍 언어로 하나부터 열까지 친절하게 컴퓨터가 해야 하는 일을 적어줘야 한답니다. 우리가 매일 사용하는 웹브라우저, 워드 프로세서, 엑셀 등의 프로그램도 이런 과정을 거쳐 만들어졌어요.

프로그램을 만들기 위해 명령어를 작성하는 과정을 '프로그래밍(programming)'이라고 해요. 요즘은 프로그래밍이라는 단어보다는 '코딩(coding)'이라는 단어를 더 많이 사용하고 있는데요. '코딩'과 '프로그래밍'은 같은 의미로 사용되고 있어요.

영화 속에서 0101010101로 가득 찬 장면이 등장할 때가 있는데요. 이 숫자들이 바로 '코드'예요. 정확히 말하면 0과 1로 구성된 '바이너리 코드'이지요. 이 코드를 작성하는 과정을 우리는 '코딩'이라고 부릅니다.

앞에서 설명한 것처럼, 사람이 01과 같은 숫자로 명령어를 작성하는 것은 불가능한 일이지요. 그래서 사람이 이해하기 쉬운 코딩 언어를 만들었는데요. 대표적으로 C, Java, JavaScript, PHP, Python 등이 있어요. 프로그램을 만드는 언어이기 때문에 '개발 언어'라고 부르기도 하고요. '프로그래밍 언어' 혹은 버터 발음으로 '프로그래밍 랭귀지'라는 표현을 사용하기도 하지요.

바이너리

0과 1를 표현하는 방법을 이진법 또는 바이너리(binary)라고 해요.

31

코딩 맛보기

이번에는 '파이썬(Python)'이라는 개발 언어를 사용하여 코딩을 소개하고자 합니다. 파이썬은 다른 프로그래밍 언어보다 배우기 쉽고 여러 분야에 적용되는 언어이지요.

프로그래밍 또는 코딩을 하기 위해서는 개발 환경을 만들어 놓아야 해요. 개발 환경이라고 해서 대단한 것은 아니고요. 인터넷에서 파이썬 개발 프로그램을 다운로드 받아 내 컴퓨터에 설치하면 됩니다. 그러면 내 컴퓨터에서 파이썬 언어로 작성된 소스 코드를 작성할 수 있고 바이너리 코드로 번역할 수 있어요. 번역을 왜 하냐고요? 컴퓨터가 이해할 수 있는 코드로 바꿔주기 위해서예요. 그래야 컴퓨터에게 일을 시킬 수 있거든요.

파이썬 소프트웨어의 설치가 완료되면, 이제 컴퓨터에게 명령을 내릴 수 있답니다. 명령을 내리기 위해서는 왼쪽 그림과 같이 파이썬을 실행해야 해요.

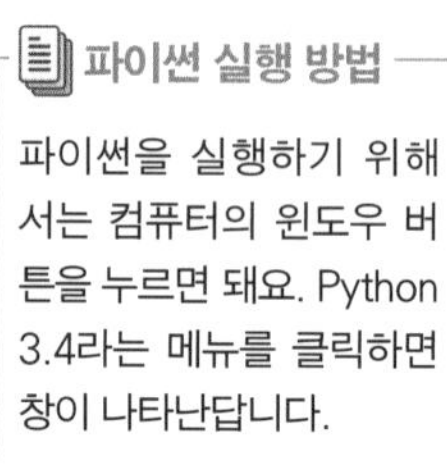

파이썬 실행 방법

파이썬을 실행하기 위해서는 컴퓨터의 윈도우 버튼을 누르면 돼요. Python 3.4라는 메뉴를 클릭하면 창이 나타난답니다.

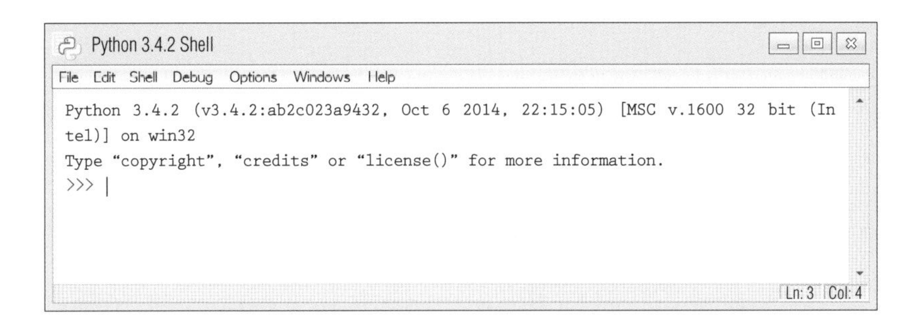

그림에서 '〉〉〉' 표시는 "주인님! 명령을 내려주세요. 명령을 입력받을 준비가 되었습니다"라는 의미예요. 그럼, 명령을 내려볼까요?

〉〉〉 파이썬아~ 처음 봤으면 인사를 해야지! "안녕하세요"라고 모니터 화면에 보여주거라.

이렇게 명령을 내리고 싶다고요? 그렇게 명령을 내리면 아니 되옵니다!

언어를 배울 때는 단어도 알아야 하고 문법도 공부해야 하잖아요. 영어를 배울 때는 주어, 동사, 목적어 순서로 말해야 하듯이, 프로그래밍 언어에서도 사용하는 단어와 문법이 있기 때문에 약속한 대로 명령어를 입력해야 해요. 이렇게 말이에요.

〉〉〉 print("안녕하세요")

그럼 명령어 바로 아래에 '안녕하세요'가 나타납니다.

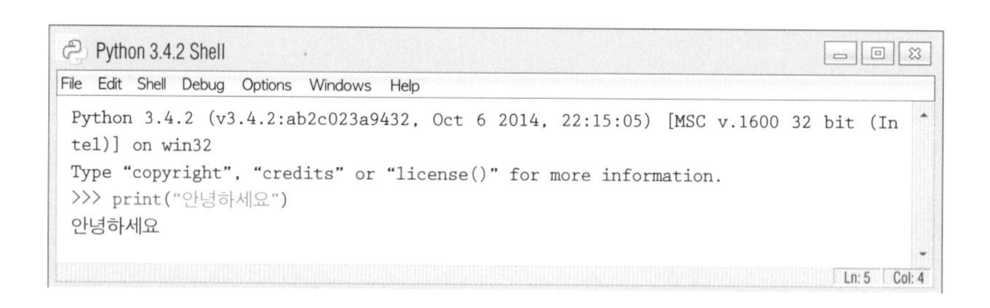

프로그래밍이 시시하다고요? 이제 시작인걸요. 우리가 사용하는 진짜 프로그램은 수천, 수만 개 이상의 명령어로 작성되었답니다.

"'안녕하세요'를 10번 출력하거라~"라고 컴퓨터에게 명령을 내려볼까요? 아하! 그 정도야 쉽다고요? print("안녕하세요") 명령어를 10번 입력하려고 했죠?

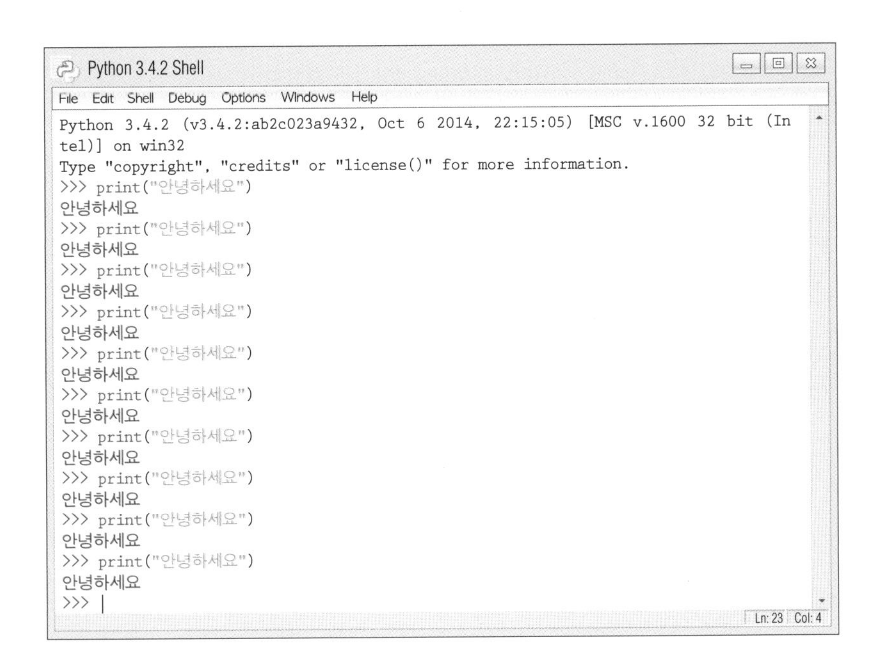

그런 단순한 방법 말고 약간 수준 높은 방법이 있어요. 바로 while 문장을 사용하면 되지요. while은 '~하는 동안에'라는 뜻을 가지고 있어요. while num<=10라고 작성하면 'num이 10보다 작거나 같은 동안에'라는 의미를 가져요. while 문장을 사용하니 10줄의 코드가 4줄로 줄어들었네요.

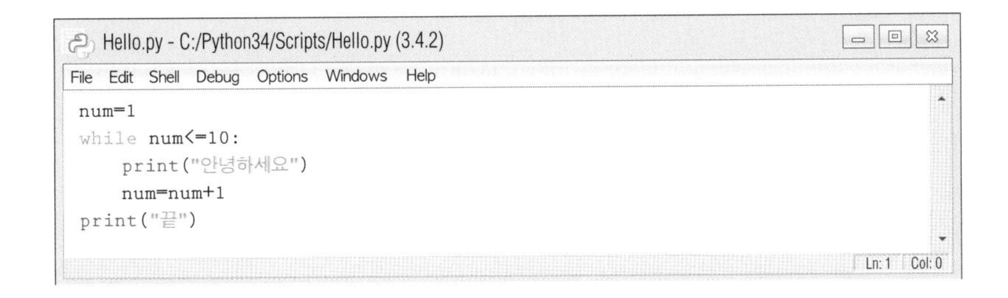

이 코드가 어떤 의미인지 살펴볼게요.

num=1	num이라는 변수를 1이라고 정할게
while num〈=10:	num이 10보다 작거나 같을 때까지 다음 명령어를 실행해
print(“안녕하세요”)	‘안녕하세요’라고 출력해
num=num+1	num에 1을 더해
print(“끝”)	‘끝’이라고 출력해

num=1

이 코드에서는 num이라는 변수를 사용했어요. x, y, z와 같은 변수를 사용할 수도 있었지만, num이라는 이름의 변수를 사용한 거예요. ‘num=1’는 ‘num 변수를 1로 정해라’라는 의미예요. 수학 시간에 x=1이라고 쓰면 x는 1과 같다라고 배웠는데요. 코딩에서는 약간 달라요. 변수를 1로 정한다라는 의미예요. 코딩 책에서는 할당이라는 말을 사용하고 있어요.

할당

‘할당’이라는 단어는 assignment를 번역한 단어예요.

while num<=10:

while num〈=10:라는 문장을 영어로 하면 ‘while num is less than or equal to 10’이에요. 즉 num이 10보다 작거나 같으면 아래 줄에 있는 명령어를 반복해서 실행하라는 의미예요.

print(“안녕하세요”)

‘안녕하세요’라는 문장을 화면에 출력하라는 의미예요.

```
num=num+1
```

num=num+1은 num에 1을 더해주라는 의미예요. num이 2라면 num=num+1의 결과는 3이 됩니다.

```
while num<=10:
    print('안녕하세요')
    num=num+1
```

그럼 세 줄의 코드를 모아서 설명해볼게요. num을 1로 시작해서 2, 3, 4, 5 등과 같이 1씩 증가시키고, num이 10이 될 때까지 모니터에 '안녕하세요'라고 출력하라는 의미입니다.

지금까지 사람이 이해할 수 있는 코드를 작성했어요. 컴퓨터는 자신이 이해할 수 있도록 바이너리 코드로 번역한 후에야 실행을 할 수 있어요. 여기서 번역이 바로 '컴파일'이에요.

이제 실행하는 과정을 설명할게요. 바이너리 코드로 보여주자면 0과 1밖에 안 보이니 소스 코드로 설명할게요. 다음 표(182쪽)를 보니 같은 명령어가 자꾸 반복된다고요? 그건 while 문장 때문에 그런 거예요.

num=1	num을 1로 정할게
while num<=10:	num이 1이니까 10보다 작군. 그럼 다음 명령어 실행해
print("안녕하세요")	'안녕하세요'라고 출력해
num=num+1	num을 2로 정해
while num<=10:	num이 2이니까 10보다 작군. 그럼 다음 명령어 실행해
print("안녕하세요")	'안녕하세요'라고 출력해
num=num+1	num을 3으로 정해
while num<=10:	num이 3이니까 10보다 작군. 그럼 다음 명령어 실행해
print("안녕하세요")	'안녕하세요'라고 출력해
num=num+1	num을 4로 정해
…	…
while num<=10:	num이 9이니까 10보다 작군. 그럼 다음 명령어 실행해
print("안녕하세요")	'안녕하세요'라고 출력
num=num+1	num을 10으로 정해
while num<=10:	num이 10이니까 10과 같군. 그럼 다음 명령어 실행해
print("안녕하세요")	'안녕하세요'라고 출력
num=num+1	num을 11로 정해
while num<=10:	num이 11이니까 10보다 크잖아. 그럼 while 문장은 실행 하지 마
print("끝")	'끝'이라고 출력해

프로그램 결과를 한번 볼까요? 코드 4줄로 '안녕하세요'를 10번이나 찍어주네요.

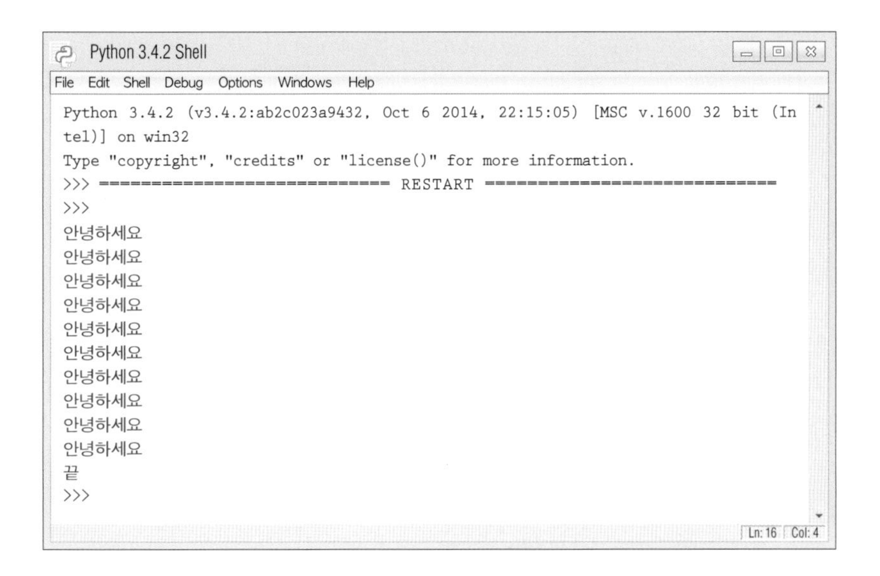

32

디버깅 해보기

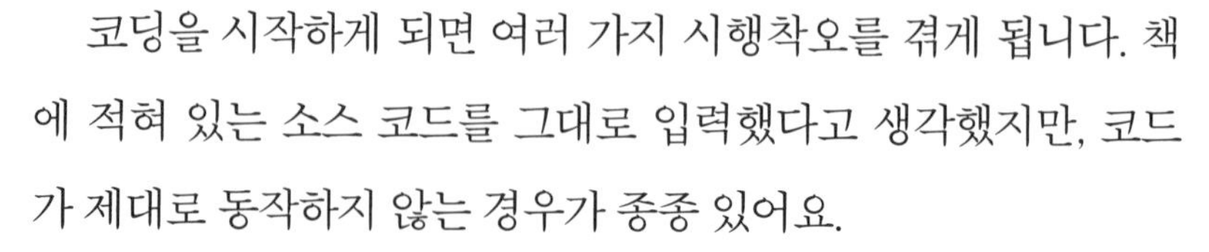

코딩을 시작하게 되면 여러 가지 시행착오를 겪게 됩니다. 책에 적혀 있는 소스 코드를 그대로 입력했다고 생각했지만, 코드가 제대로 동작하지 않는 경우가 종종 있어요.

소스 코드에 점 하나라도 빠지게 되면 컴퓨터는 바로 "문법에 오류가 있는 것 같아요"라는 에러 메시지를 보여줍니다. 변수명이라도 잘못 쓰면 바로 컴파일 에러(compile error)를 출력하지요. 컴파일 에러란 "소스 코드에 오류가 있어서 바이너리 코드로 번역을 못하겠어요"라는 의미입니다.

그렇다면 소스 코드에 있는 오류를 어떻게 찾아내죠? 오류(error)는 소스 코드에 잘못된 명령어가 들어가서 계산이 잘못되거나, 프로그램이 생각과는 다르게 동작하는 문제를 말해요.

파이썬을 실행하면 그림과 같이 '〉〉〉'라는 표시가 나타나고, | 모양의 커서가 깜빡거립니다. "명령을 받을 준비가 되었어요!"라고 알려주는 거예요.

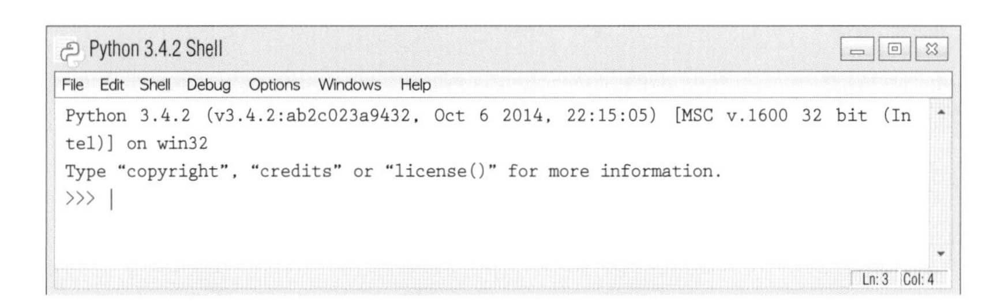

반가운 마음에 'hello'라고 입력했지만, 이 바보 같은 파이썬이 "무슨 말인지 모르겠어요"라는 의미로 붉은색 글씨의 알 수 없는 말을 하고 있네요. "hello라고요? 그게 무슨 말이에요? hello라는 명령어는 없는데요"라는 의미로 "name hello is not defined"라는 오류 메시지를 보여줍니다.

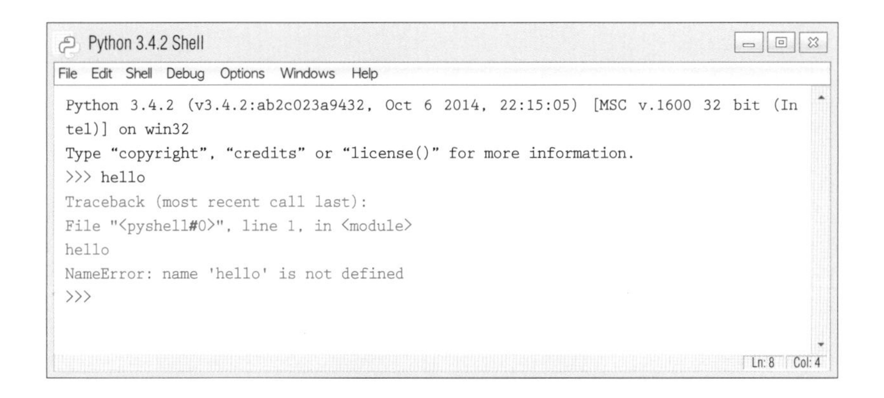

프로그래밍을 하다 보면 명령어를 잘못 사용하기도 하는데요. 이런 잘못된 명령어를 '버그(bug)'라고 해요. 버그(bug)를 잡기 위한 과정을 '디버깅'이라고 하지요. 즉 디버깅은 프로그램이 어떻게 동작하는지 분석하면서 소스 코드의 오류를 찾아내는 과정

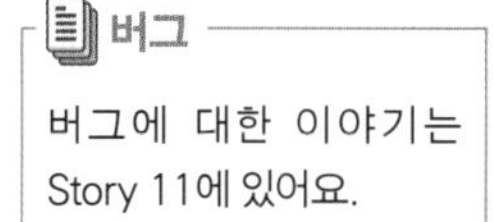

을 말해요.

야심차게 곱하기 프로그램을 만들었다고 생각해볼게요. 숫자를 두 번 입력하면 두 수를 곱한 결과를 보여주는 간단한 프로그램이에요. 프로그램이 잘 동작하는지 한번 볼까요?

입력과 출력

입력은 키보드, 마우스 등으로 컴퓨터에 데이터를 넣는 과정을 말하고요, 출력은 컴퓨터의 데이터를 모니터나 프린터로 내보내주는 과정을 말해요.

프로그램을 실행하니 "첫 번째 값을 입력해주세요"라고 안내 메시지를 모니터 화면에 출력해주고, 명령어를 입력받을 준비가 되었다는 의미로 〉〉〉를 표시합니다.

〉〉〉첫 번째 값을 입력해주세요:

그래서 키보드로 숫자 2를 누르고 엔터키 Enter 를 눌렀어요.

〉〉〉첫 번째 값을 입력해주세요: 2

그런 다음 또 질문을 하네요. 두 번째 숫자를 입력하라고 합니다. 이번에도 2를 입력하고 엔터키를 눌렀지요.

〉〉〉두 번째 값을 입력해주세요: 2

다음과 같은 결과가 화면에 나타납니다.

곱셈 결과: 4

예상했던 결과네요. 프로그램이 잘 동작하는 것 같아요.

그래도 혹시 몰라 다시 한 번 테스트를 해보려고 해요.

이번에는 3과 4를 입력했어요. 앗, 그런데, 계산 결과를 보니 12가 아니고 7이 출력되네요.

```
곱셈 결과: 7
```

이런! 소스 코드에 버그가 있는 것 같아요. 이럴 때는, 소스 코드를 읽으면서 어디가 잘못되었는지 찾아야 한답니다.

자! 이게 바로 제가 만든 소스 코드예요.

```
x=int(input('첫 번째 값을 입력해주세요:'))
y=int(input('두 번째 값을 입력해주세요:'))
print('곱셈 결과:', x+y)
```

일단 소스 코드를 보면서 각각의 문장이 어떤 의미인지 알아야 해요. 영어를 배울 때처럼 읽고 또 읽으면 어느 샌가 코딩이 쉬워진답니다.

x=int(input('첫 번째 값을 입력해주세요:'))

input은 '첫 번째 값을 입력해주세요:'라는 문장을 모니터 화면에 출력해주고, 키보드가 눌릴 때까지 기다리는 함수예요. 키

int

input 함수를 실행하면 컴퓨터는 키보드의 글자가 눌려지기를 기다립니다. 키보드로 2를 누르면 컴퓨터는 2를 메모리에 올려놓고 일을 하는 거예요. 컴퓨터는 input 함수를 통해 입력 받은 값은 무조건 문자로 생각한답니다. 이런 컴퓨터에게 '2와 3을 더해'라고 명령하면 컴퓨터는 "방금 입력한 2는 숫자가 아닌데요?"라고 대꾸를 하지요. 그래서 "이놈 컴퓨터야! 문자로 생각하지 말고 숫자로 생각해야지"라고 알려주기 위해 int 함수를 사용한답니다. int 함수는 문자를 숫자로 변환하는 함수거든요.

보드로 2를 누르고, 엔터키를 누르면 이 값이 x 변수에 담기게 되지요.

```
y=int(input('두 번째 값을 입력해주세요:'))
```

이 코드도 동일하게 메시지를 출력해주고, 키보드 값을 기다립니다. 키보드로 입력된 값은 y라는 변수에 담기게 된답니다.

```
print'곱셈 결과:', x+y
```

이제 계산 결과를 출력해주는 코드예요. print 함수는 '곱셈 결과:'라는 문장을 모니터에 출력해주고, 다음으로 x와 y값을 더한 결과를 화면에 출력해준답니다. 그런데 여기에 버그가 있었어요. 두 값을 곱해야 하는데 더하고 있었네요. 더하기 기호(+)를 곱하기 기호(*)로 고치고 다시 실행해보니 제대로 동작합니다. 디버깅 성공!

디버깅이 별 거 아니라고요? 코드가 몇 줄 안 되니 그렇게 생각할 수도 있어요. 하지만 우리가 사용하는 인터넷 익스플로러, 오피스 워드 등은 엄청나게 많은 코드로 작성되어 있지요. 이런 소스 코드에서 문제를 찾기 위해서는 컴퓨터의 동작 방식도 잘 알고 있어야 하고, 프로그래밍 언어도 전문가처럼 사용할 수 있어야 해요. 그리고 문제가 발생한 위치를 찾을 수 있는 문제 해결 능력도 있어야 하지요.

이번 스토리에서 배운 코드는 3~4줄밖에 안 되지만, 이런 코딩 과정을 거쳐 인터넷도 만들고, 이메일을 보내는 프로그램도 만든답니다.

영국, 핀란드, 미국 등의 선진국은 초등학교부터 코딩 교육을 시작하고 있어요. 우리나라도 초등학교부터 코딩을 배우고 있는데요. 프로그래밍 언어를 배운다는 것은 영어와 같이 소스 코드를 읽는 것은 물론 쓸 수도 있어야 해요. 처음에는 코딩이 익숙하지 않고 어려워 보이지만, 영어 등의 언어 공부처럼 반복 학습을 하면 어느새 자신감이 붙고 재미가 생기게 된답니다. '백문이불여일견'이라는 말을 들어본 적이 있지요? 백 번 듣는 것보다 한 번 보는 것이 낫다는 말입니다. 우리 프로그래밍 세계에서는 '백문이불여일타'라는 말을 사용하곤 합니다. 백 번 듣는 것보다 한 번 키보드로 타이핑을 하라는 의미이지요. 그만큼 코드 한 줄 한 줄을 키보드로 타이핑하면서 연습하는 과정이 중요하다는 사실!

코딩은 하드웨어에 영혼을 불어넣은 소프트웨어를 만드는 과정이에요. 새로운 아이디어를 만들어낼 수 있는 창작 언어라고 말할 수 있지요. 코딩으로 일상생활에서 활용할 수 있는 간단한 프로그램도 만들 수 있지만 자동차, 비행기, 로봇을 움직이는 데도 코딩이 필요해요. 그렇기 때문에 코딩 언어를 사용하는 방법뿐만 아니라 컴퓨터가 내부적으로 어떻게 동작하는지를 잘 이해하는 것도 중요하답니다.

맛있는 이야기

33

자바 커피의 향기

컴퓨터를 사용하다 보면 김이 모락모락 피어 오르는 커피잔을 본 적이 있을 거예요. 바로 '자바'인데요. 자바(Java)는 컴퓨터에게 일을 시키기 위해 사용하는 컴퓨터 프로그래밍 언어이지요.

자바라는 언어는 썬마이크로시스템즈 회사의 제임스 고슬링(James Gosling)이라는 25세 청년이 만들었어요. 그 당시만 해도 소스 코드를 만들면 한 종류의 장비에서만 동작해서, 장비마다 소스 코드를 매번 개발해야 했던 때였지요. 제임스 고슬링은 하나의 소스 코드를 여러 장비에서 실행할 수 있는 프로그래밍 언어를 개발하기로 결심했어요. 결국, 마음 맞는 동료들과 함께 '오크'라는 프로그래밍 언어를 만들어냈답니다. 오크 언어로 소스 코드를 개발하면 여러 장비에서 실행될 수 있어서 개발자들의 시간과 비용을 줄일 수 있게 되었지요.

'오크'는 사무실 밖의 오크나무를 보고 이름을 지었다고 해요. 하지만 상표권이 이미 등록되었다는 사실을 알게 된 썬마이크로

시스템즈는 프로그래밍 언어 이름을 '자바'라고 변경했어요. 커피 이름인 '자바'는 커피를 사랑하는 CEO의 취향에 영향을 받았다고 합니다.

썬마이크로시스템즈

2009년 썬마이크로시스템즈가 오라클에 인수되었어요.

회사 이름은 태양의 뜻을 가진 '썬마이크로시스템즈', 프로그래밍 언어는 커피의 향기를 가진 '자바'라고 이름을 짓다니 참으로 감성적인 것 같습니다.

34

헨젤과 그레텔, 쿠키

인터넷을 사용할 때 쿠키라는 말을 들어본 적이 있을 거예요. '쿠키'는 웹사이트를 접속할 때 기록되는 아이디(ID), IP 주소 등과 같은 정보를 말한답니다. 그런데 이런 정보들을 왜 '쿠키'라고 부르는 걸까요? 쿠키에 대한 이야기는 헨젤과 그레텔의 이야기에서 알 수 있어요.

헨젤과 그레텔은 마음씨 나쁜 계모와 함께 살았어요. 어느 날 계모는 집에 먹을 것이 부족해지자 아빠에게 두 남매를 산속에 버리자고 말합니다. 이를 눈치챈 헨젤과 그레털은 빵을 몰래 챙겨놓고, 아빠가 산속으로 자기들을 데려갈 때 빵 부스러기를 땅바닥에 차례로 떨어뜨려놓습니다. 산속에 버려진 두 남매는 빵 부스러기를 보고 집에 오는 길을 찾으려 하지만, 배고픈 새들이 빵을 다 먹어버리는 바람에 결국 길을 잃어버리고 맙니다.

쿠키는 헨젤과 그레텔의 빵 부스러기에서 영감을 얻은 단어예요. 헨젤과 그레텔이 집으로 돌아가기 위해 빵 부스러기로 흔적을 남기는 것처럼, 쿠키도 웹사이트의 방문 흔적을 남겨주는 정보이지요.

하지만 새들이 빵 부스러기를 먹어버려서 흔적이 사라지게 되는데요. 쿠키도 마찬가지로 시간이 지나면 자동으로 삭제되는 정보입니다. 그래서 인터넷 기록을 잠시만 저장한다는 의미로 쿠키를 '임시 인터넷 파일'이라고 부르고 있어요.

인터넷 옵션 창에 '쿠키 삭제'라는 버튼이 있는데요. 인터넷 사용 흔적을 지워주는 기능이에요. 새들이 빵 부스러기를 먹는

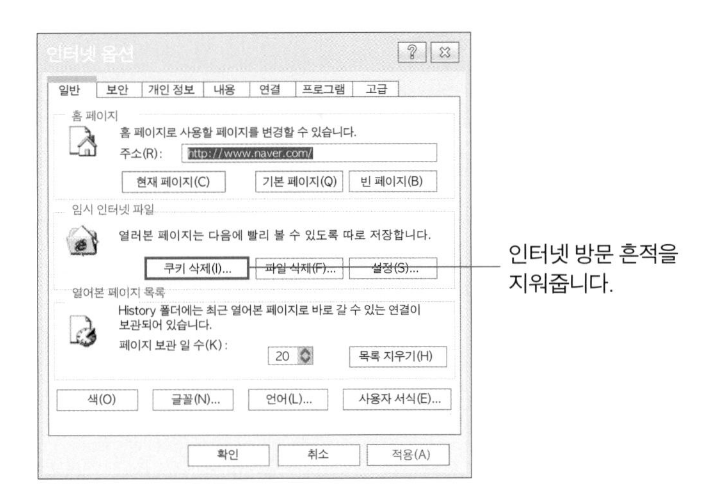

것처럼요.

'로그인 상태 유지'라는 것도 쿠키를 활용하지요. 그림처럼 '로그인 상태 유지'에 체크표시를 하고 아이디와 비밀번호를 입력하면, 로그인 정보가 컴퓨터에 저장됩니다. 다음부터는 아이디와 비밀번호를 입력하지 않고 '로그인' 버튼만 클릭하면 자동으로 로그인이 되니 편리한 기능이죠.

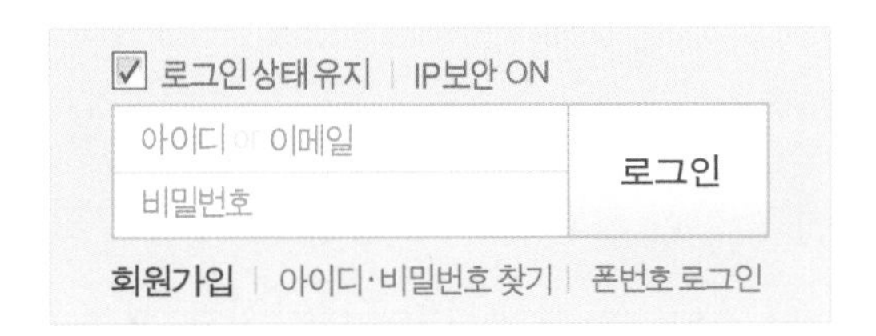

인터넷 쇼핑몰의 장바구니도 쿠키를 이용해요. 로그인을 하지

않아도 장바구니에 추가한 상품 정보가 삭제되지 않고 남아 있는 것은 상품 정보가 쿠키에 저장되기 때문이에요. 하지만 웹브라우저를 종료한 후 다시 인터넷 쇼핑몰에 방문하면 장바구니가 비어 있어요. 웹브라우저가 닫히면서 쿠키 정보가 자동으로 삭제되었기 때문에 그렇답니다. 기본적으로 쿠키는 웹브라우저를 닫을 때 삭제되지만, 어떤 웹사이트에는 웹브라우저를 닫아도 쿠키 정보를 유지하는 경우도 있어요.

쿠키 파일은 4KB 정도로 작은 파일인데요. 웹사이트마다 쿠키가 만들어져요. 쿠키 파일에서 내가 방문했던 웹사이트의 기록을 볼 수 있어요.

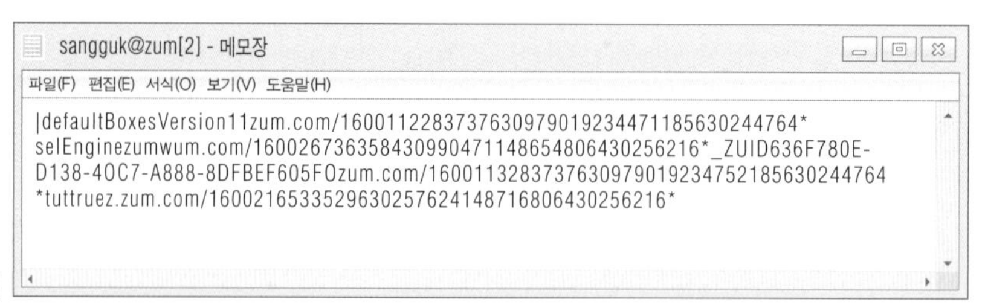

컴퓨터에 저장된 쿠키 파일

쿠키가 인터넷을 편하게 사용할 수 있도록 도와주긴 하지만 부정적인 측면도 있어요. 웹사이트 방문 기록, ID 등이 쿠키에 저장되기 때문에 소중한 개인 정보가 유출될 위험이 있어요.

'로그인 상태 유지'를 선택하면 "개인정보 보호를 위해 개인 PC에서만 사용해주세요"라는 경고 메시지가 나타나는 것도 이런 이유랍니다. 여러 명이 사용하는 PC방이나 학교 컴퓨터에서

'로그인 상태 유지'를 선택하면 남들이 내 이메일을 몰래 훔쳐볼 수도 있으니 조심해야 해요.

35

스팸 메일

이메일

편지를 영어로 mail(메일)이라고 해요. 인터넷으로 주고 받는 전자편지는 e-mail(electronic mail)이라고 하지요. 우리나라에서 "메일 보낼게"라고 말하면 당연히 이메일을 보낸다고 생각하지만, 외국인들은 우편을 생각한답니다.

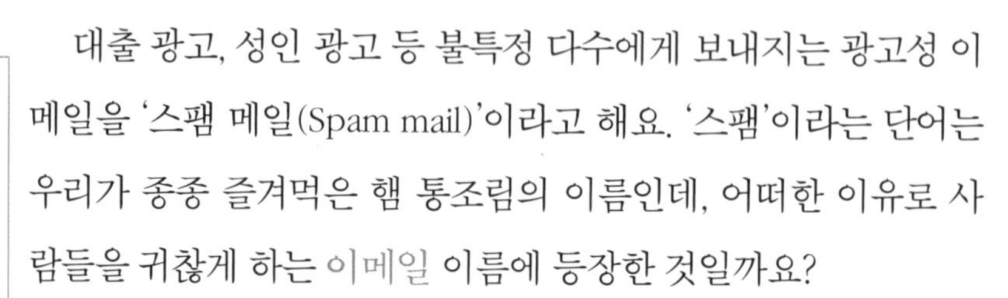

대출 광고, 성인 광고 등 불특정 다수에게 보내지는 광고성 이메일을 '스팸 메일(Spam mail)'이라고 해요. '스팸'이라는 단어는 우리가 종종 즐겨먹은 햄 통조림의 이름인데, 어떠한 이유로 사람들을 귀찮게 하는 이메일 이름에 등장한 것일까요?

'스팸'이라는 단어는 미국의 통조림 광고에서부터 시작되었어요. 호멜푸즈(Hormel Foods Corporation)라는 식품회사는 양념이 첨가된 훈제 돼지고기(Spiced Ham) 통조림을 SPAM이라는 이름으로 대대적으로 광고했어요. 덕분에 스팸의 매출은 증가했지만, 시도 때도 없이 쏟아지는 스팸 광고에 지친 사람들에게 스팸은 부정적인 이미지로 자리잡기 시작했답니다. 이때부터 '스팸'은 무작위로 뿌려지는 광고성 이메일의 수식어가 되었다고 해요.

'스팸 메일'의 유래가 TV 코미디 프로그램에 있다는 의견도 있어요. 1970년 〈몬티파이튼〉이라는 꽁트의 한 장면에서, 손님이 레스토랑에 들어와 스팸이 없는 음식을 주문하려고 메뉴를 꼼꼼히

살펴보지만, 메뉴에는 온통 스팸으로 된 음식밖에 없었어요. 이때 주변의 다른 손님들이 리듬감 있게 노래를 부르기 시작합니다.
"스팸, 스팸, 스팸, 스팸, 사랑하는 스팸~, 환상적인 스팸~"

코미디 프로그램에서 스팸을 피해가려는 손님의 헛수고가 반복적인 리듬감으로 유쾌하게 표현되고 있지만, 피하고 싶어도 피할 수 없는 이 상황이 매일 아침 스팸 메일을 지워야 하는 우리의 일상과 유사하게 보이네요.

보지도 않고 바로 휴지통으로 들어가는 스팸 메일을 쓰레기 같은 메일이라는 뜻에서 '정크 메일(junk mail)'이라고 부르기도 하고요. 대량의 메일이 한꺼번에 발송된다고 해서 '벌크 메일(bulk mail)'이라고 부르기도 한답니다.

피부로 느끼는 네트워크

36

로컬 네트워크

사용자가 웹사이트를 방문하면 내 컴퓨터와 서버는 많은 대화를 나누게 됩니다. 예를 들어 사용자가 www.google.com이라는 주소를 주소창에 입력하면 대화는 이렇게 시작되지요.

(내 컴퓨터) 제가 www.google.com밖에 몰라서요. IP 주소를 알아야 서버가 위치한 곳을 알 수 있을 텐데…… 도메인 네임 서버님! IP 주소 좀 알려주세요.

(도메인 네임 서버) 네~ 알겠습니다. www.google.com의 IP 주소는 211.232.121.254입니다.

(내 컴퓨터) 도메인 네임 서버님! 잘 받았어요. 서버의 IP 주소가 211.232.121.254이니까 이제 요청 편지를 보내야지. 우리의 우편 배달부 네트워크 장비님! 요청 편지를 서버에게 보내주세요. 편지에는 웹페이지에 담긴 그림, 동영상, 글자 등을 보내달라는 요청 내용이 적혀 있어요. 제 IP 주소는 210.111.121.23이에요.

편지
전문가들은 '편지'라는 말 대신에 '전문'이라는 표현을 사용해요.

네트워크 장비
네트워크 장비는 컴퓨터들 사이에 데이터를 보내고 받는 데 사용되는 장비를 말해요. 공유기, 스위치, 라우터 등 여러 가지 장비가 있어요.

www.google.com에 대한 IP 주소를 알려주세요.
IP 주소는 211.232.121.254예요.
서버의 IP 주소를 알았으니까. 이제 웹페이지를 보내달라고 요청해야지.
도메인 네임 서버
네트워크 장비
서버에 이 요청 편지를 보내주세요. 서버 주소는 211.232.121.254이고요. 제 주소는 210.111.121.23이에요.
네! 알겠습니다.
요청 편지가 도착했네. 웹페이지를 보여달라는 내용이군! 답변 편지를 내 컴퓨터 님에게 보내주세요.
네! 알겠습니다. 내 컴퓨터 님의 IP 주소로 보내야지~
어머! 서버가 답장을 보냈네. 웹브라우저야 편지에 있는 그림, 동영상, 글자 등을 담아 웹페이지를 만들어줄래?
내 컴퓨터
웹브라우저
모니터

(네트워크 장비) 알겠습니다. IP 주소만 알면 어디든지 편지를 보낼 수 있지요.

(서버) 요청 편지가 도착했네. 웹페이지를 보여달라는 내용이 쓰여 있군. 네트워크 장비 님! 내 컴퓨터 님에게 웹페이지에 담길 그림, 동영상, 글자 등을 보내주세요. 편지봉투에 내 컴퓨터의 IP 주소가 있으니, 이 주소로 보내주시면 되어요.

(네트워크 장비) 넵! 알겠습니다. 내 컴퓨터의 IP 주소로 편지를 보내야지.

(컴퓨터) 답장이 왔네. 웹브라우저야! 이걸 웹페이지에 담아주고, 모니터야 이걸 보여주렴.

단순히 웹사이트에 방문했을 뿐이지만 컴퓨터들은 서로 수많은 편지를 주고 받는답니다. 컴퓨터들끼리 이렇게 데이터를 보내고 받는 과정을 '통신'이라고 해요. 데이터를 보내는 것을 '송신', 데이터를 받는 것을 '수신'이라고 하지요.

컴퓨터들이 데이터를 주고 받기 위해서는 네트워크 케이블(일종의 전선)로 연결되어 있어야 하는데요. 수많은 컴퓨터들을 전선으로 연결하려면 정말 거미줄같이 복잡하게 선들이 연결되겠지요. 그래서 여러 종류의 네트워크 장비를 사용해 컴퓨터들을 연결하고 있어요.

초등학교 친구들이 서로 인맥을 맺어 그 지역의 휴먼 네트워크(인맥)를 형성하듯 가까운 거리의 컴퓨터들도 네트워크를

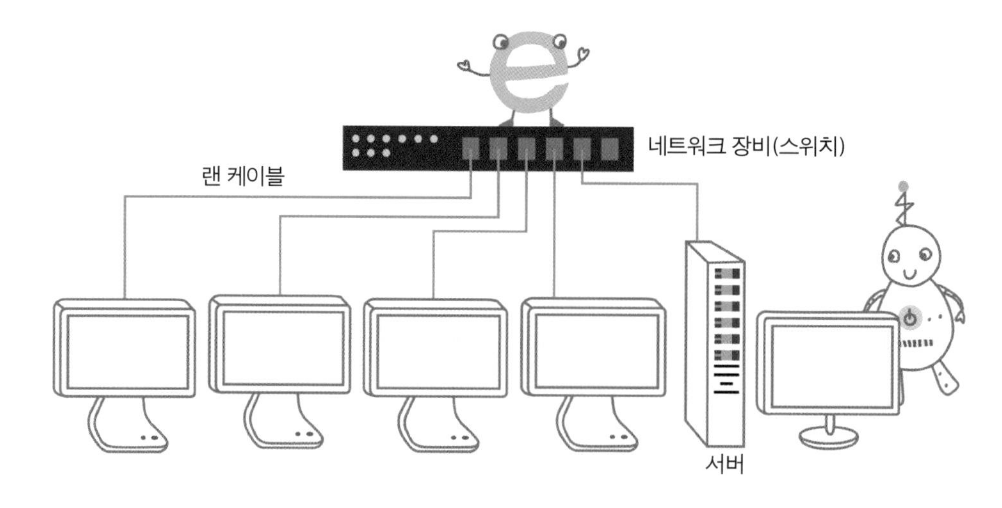

가까운 거리의 로컬 네트워크(LAN, Local Area Nework)

형성합니다. 이렇게 연결된 네트워크를 로컬 네트워크(Local Network) 혹은 근거리 통신망(LAN: Local Area Network)이라고 부르고 있어요.

우리는 로컬 네트워크에 내 컴퓨터를 연결하기 위해 왼쪽 그림과 같은 랜케이블(LAN Cable)을 컴퓨터에 꿉고 있어요. 여기서 '랜(LAN)'이란 앞에서 설명한 'Local Area Network'의 약자예요.

랜 케이블

로컬 네트워크는 건물 한 층의 컴퓨터들을 연결한 네트워크일 수도 있고, 커피숍의 컴퓨터들을 연결한 네트워크일 수도 있어요. 즉 가까운 거리의 컴퓨터들이 연결된 네트워크를 말하지요.

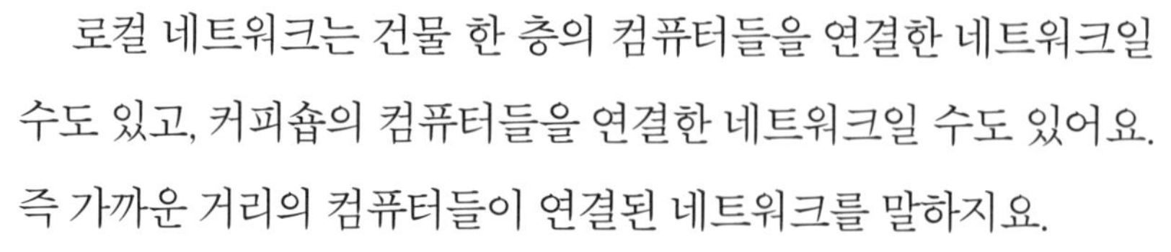

로컬 네트워크는 다시 다른 네트워크와 연결되어 거대한 네트워크를 만들게 됩니다. 이 네트워크를 WAN(Wide Area Network)이라고 불러요. 내 컴퓨터가 멀리 떨어진 미국 컴퓨터와 통신할 수 있는 것은 우리 동네 네트워크가 다른 동네 네트워크와 연결되어 있고, 한국 네트워크와 미국의 네트워크가 연결되어 있기 때문이에요.

집에서 사용하는 공유기는 오른쪽 그림처럼 생겼어요. 케이블 단자를 꽂을 수 있는 구멍이 4개 보이는데요. 아래쪽 4개의 구멍은 가까운 거리에 있는 컴퓨터들을 연결해 네트워크를 만들기 위한 LAN 포트이고요. 첫 번째 구멍은 인터넷 연결을 위해 사용되는 WAN 포트예요. 이 구멍에는 '인터넷' 혹은 'WAN'이라는 글자를 써놓는답니다.

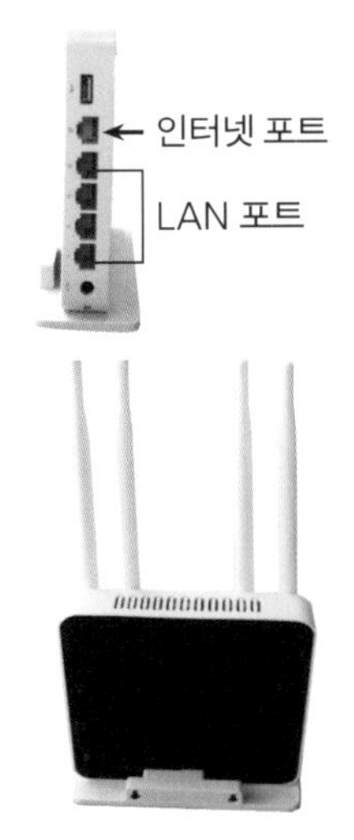

무선 공유기

아래 그림을 살펴보세요. 유선 공유기에 컴퓨터 3대가 연결되어 컴퓨터끼리는 데이터를 주고 받을 수 있지만, WAN 구멍에 인터넷 선이 연결되어 있지 않아 인터넷은 사용할 수 없답니다.

WAN 구멍에 인터넷 회선을 연결하면 인터넷 연결이 가능해

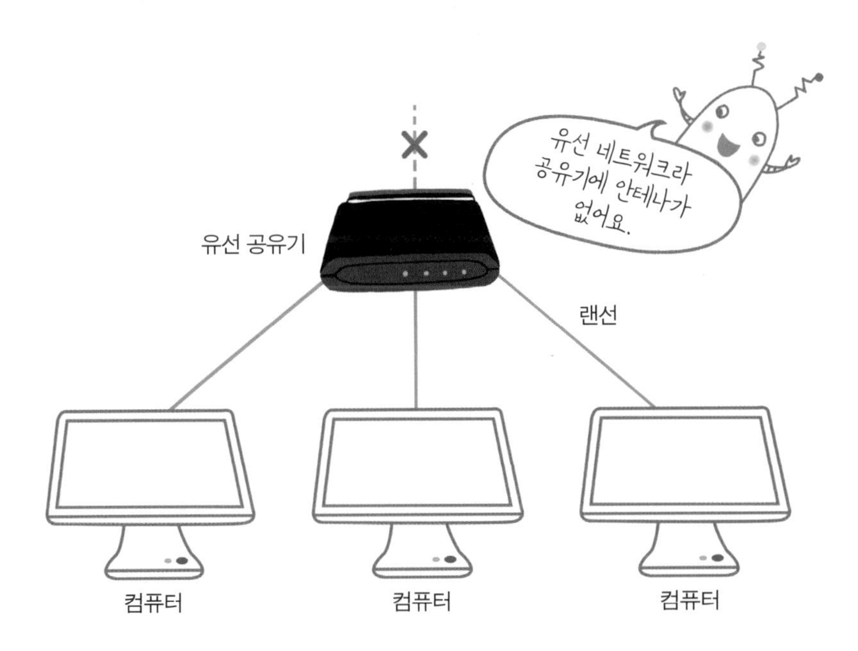

집니다. 인터넷에는 각종 서버가 연결되어 있어 내 컴퓨터에서 네이버, 쿠팡 등의 웹사이트에 접속할 수 있어요.

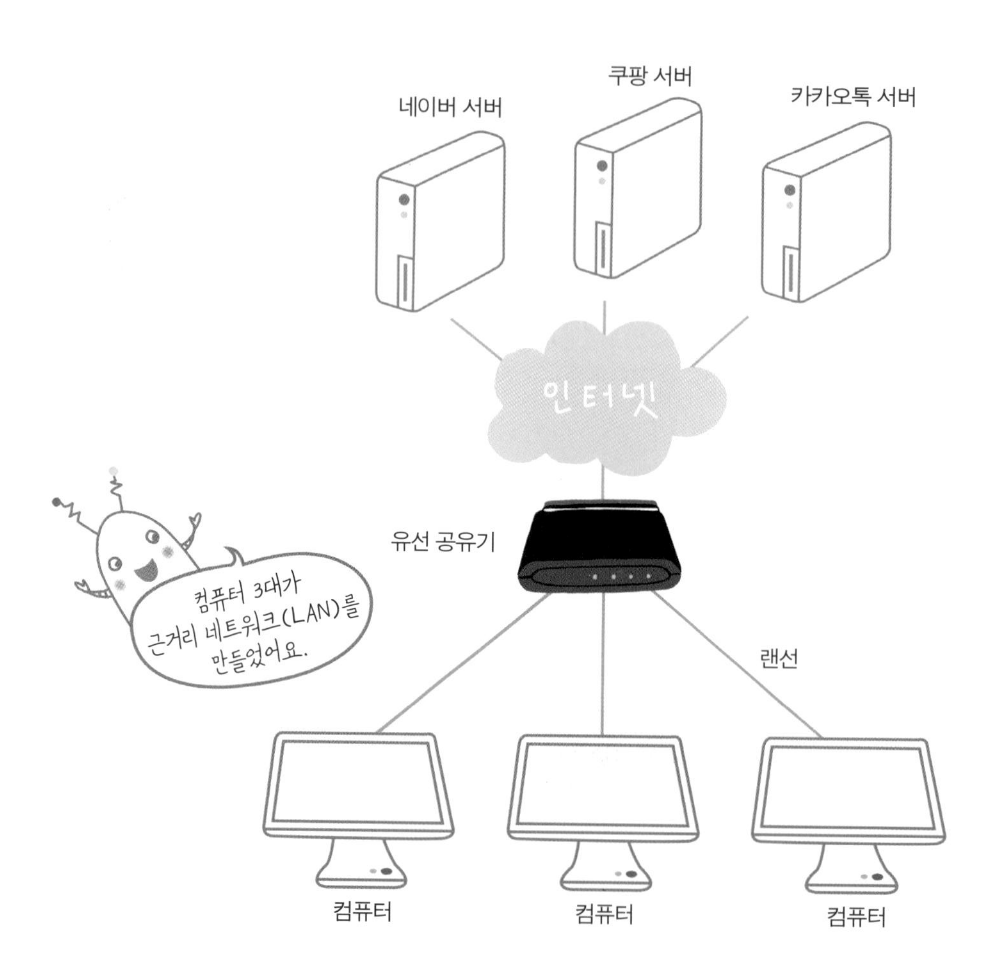

37

와이파이

커피숍, 지하철 등에서 랜 케이블(LAN Cable)을 스마트폰이나 노트북에 연결하지 않아도 인터넷에 접속할 수 있어요. 컴퓨터들끼리 통신을 위해서는 반드시 서로 연결되어 있어야 하는데, 케이블을 연결하지 않고 어떻게 인터넷을 할 수 있는 것일까요? 그건 바로 전파로 통신할 수 있게 해주는 와이파이(Wi-Fi) 기술 덕분입니다.

무선 통신을 의미하는 전파 모양

무선 통신 표준명, WiFi

Wi-Fi는 'Wireless Fidelity'의 약자인데요. 전파를 통해 인터넷을 할 수 있게 해주는 근거리 통신망 기술의 이름이에요.

와이파이 기술을 이용해 무선 인터넷을 하기 위해서는 안테나가 있는 무선 공유기가 필요해요. 컴퓨터는 무선 공유기를 통해 전파를 주고 받을 수 있기 때문에 랜 케이블을 꼽지 않아도 인터넷을 즐길 수 있어요.

무선 인터넷

전선 없이 통신하는 것을 '무선 통신'이라고 합니다. 스마트폰의 무선 통신을 통해 인터넷에 접속하는 것은 '무선 인터넷'이라고 부르고 있어요.

집집마다 인터넷 회선이 한 개 들어오면 컴퓨터 한 대만 인터넷을 사용할 수 있어요. 인터넷 사용료도 만만치 않은데 집에 컴

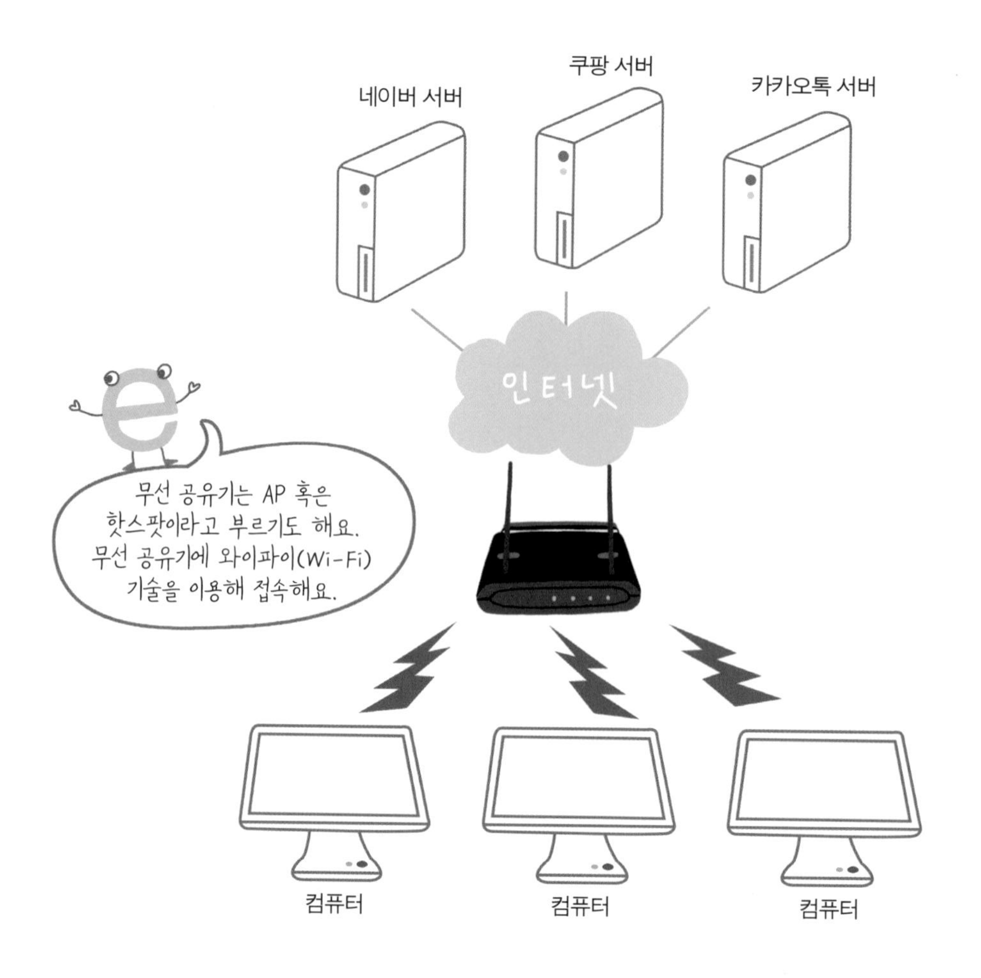

퓨터가 3대 있다고 인터넷 회선을 3개나 신청할 수는 없지요. 이때는 공유기를 사용합니다. 공유기를 사용하면 여러 대의 컴퓨터가 인터넷 회선을 공유할 수 있거든요.

집 안의 컴퓨터는 인터넷을 사용하기 위해 우선 공유기에 접속해야 하기 때문에, 이 공유기를 AP(접속 지점, Access Point)라고 부르고 있어요.

종종 핫스팟(hot spot)이라는 단어를 사용할 때가 있어요. 핫스팟은 사전적인 의미로 '뜨거운 곳'입니다, AP가 설치된 장소를 가리키는데요. 주로 도서관, 카페, 지하철 등 사람이 많이 모이는 뜨거운 장소(핫스팟)에 AP가 설치되고 있어요.

스마트폰을 이용한 핫스팟

핫스팟은 커피숍, 서점 등과 같은 점포에서 직접 설치하는 경우도 있고요. 이동통신사들이 고객 편의 제공을 위해 설치하는 경우도 있어요. KT의 '올레와이파이존', SK 텔레콤의 'T 와이파이존', LG 유플러스의 '유플러스존' 등이 대표적인 핫스팟이죠.

스마트폰을 이용해서도 핫스팟을 만들 수 있지요. 이때는 스마트폰이 AP가 되기 때문에 노트북에서 내 스마트폰을 와이파이로 지정하면 되지요. 그러면 컴퓨터가 스마트폰을 통해 인터넷에 접속할 수 있어요.

38

3G와 LTE 그리고 5G

스마트폰에서 인터넷을 사용하기 위해 LTE/5G나 와이파이(Wi-Fi)를 사용합니다. 우리는 5G라는 말을 많이 사용하지만 본래 뜻을 알고 사용하는 경우는 그리 많지 않은 것 같아요.

5G는 '5 Generation'의 약자인데요. 우리말로 하면 '5세대'라는 뜻이에요. 이동통신의 역사는 기술적 진보가 있을 때마다 '세대'로 구분되었는데요. 한국의 이동통신 역사를 살펴보면 왜 5G라는 용어가 생겼는지 알 수 있어요.

삼성전자에서 1988년 처음으로 출시한 핸드폰 (무게 1.3kg)

1세대

1980~1990년대에 무전기만 한 핸드폰을 들고 다니던 때가 있었는데요, 이때가 1세대(1G)입니다. 전화가 잘 안 터지고, 통화 품질조차 기대하기 어렵지만 100만 원이 넘는 고가의 핸드폰이 잘 팔렸답니다. 유선 전화기만 있던 그 시절에는 이동성만으로도 높은 평가를 받았거든요.

2세대

1990~2000년대, 작고 가벼우며 문자도 보낼 수 있는 피처폰이 등장했어요. 이때가 바로 2세대(2G)예요. 이때는 통화 품질도 좋아졌고 시골 산간에서도 핸드폰을 사용할 수 있는 정도로 대중화되었던 시기예요. 문자를 보낼 수 있지만, 데이터 전송 속도가 느렸기 때문에 인터넷을 즐기기에는 어려움이 있었답니다. 2세대 핸드폰 번호는 016, 011, 019 등으로 시작했는데요. 3세대에서 010로 통합되었어요.

핸드폰
1996년을 CDMA 기술이 세계 최초로 국내에서 상용화되었던 때입니다. 우리나라 이동통신 기술은 세계에서 인정받는 수준으로 우리나라에서 만든 핸드폰이 세계 각국에서 사용되고 있답니다.

3세대

2000~2010년대. 3G라고 부르는 3세대 이동통신에서는 영상통화를 즐길 수 있고 빠른 속도의 무선 인터넷도 가능해졌어요. 스마트폰을 사용하다 보면 "3G를 사용할 경우 가입하신 요금제에 따라 데이터 요금이 부과 또는 차감됩니다. (와이파이 권장)"이라는 안내 메시지를 본 적이 있을 텐데요. 이 안내 메시지의 3G가 바로 3세대 이동통신을 의미하지요.

3G 스마트폰

아이폰 4S 갤럭시 S3

4세대

2010년대, 4세대 통신 기술 LTE, LTE-A을 이용했던 시기였어요. 그당시 LTE 광고 홍수 속에서 대한민국 국민이라면 LTE를 모르는 사람이 없을 정도였지요. LTE는 'Long Term Evolution'의 약자로, 3G에 비해 데이터를 보내고 받는 전송 속도가 월

LTE
엄밀히 말하면 LTE는 3.9세대 통신 기술이라고 불러요. 4G 기술(LTE-A)보다 속도가 느리지만, 3G보다는 빠른 LTE 기술이 스마트폰에 적용되었어요.

등히 빨라졌어요. 파일 다운로드에 10분이 걸리는 3G에 비해, 4G(LTE)에서는 1분이면 파일을 다운로드 받을 수 있어요. 3G에 비해 10배 빠른 속도를 느낄 수 있어요.

LTE-A는 LTE보다 전송 속도가 훨씬 더 빠릅니다. 그래서 'advanced'(진보된)라는 의미로 A가 붙었어요.

5세대

스마트폰에서 인터넷에 접속하는 방법은 2가지가 있어요.

LTE/5G를 이용하거나 와이파이를 이용해 인터넷망에 접속하는 방법이지요. 스마트폰에서 5G를 사용하면 전국에 설치된 기지국을 통해 데이터가 송수신되지만, 와이파이를 이용하면 건물 안의 공유기를 통해 데이터가 송수신됩니다. 커피숍, 학교, 이동통신사 등에서 무료로 와이파이 서비스를 제공하기 때문에 와이파이를 사용하면 데이터 이용료에 신경쓸 필요가 없어요. 하지만 5G는 데이터 요금이 부과되니 와이파이 사용이 권장되고 있는 거예요.

2018년 우리나라에서 평창 동계올림픽이 개최되었습니다. 이 시기는 세계 최초로 대한민국 5G 기술을 화려하게 선보였던 때이기도 합니다. 여기서 5G란 '5 Generation'의 약자로, LTE(4G) 다음 세대의 통신 기술을 의미합니다. 이미 눈치챘겠지만, 세대를 거듭할수록 통신 속도가 무척 빨라지고 있습니다. 실제로 5G는 LTE보다 몇십 배나 빠른 속도를 자랑한답니다.

5G 이동통신은 기존 네트워크보다 빠르다는 장점뿐만 아니라 끊김이나 느려지는 현상이 없고, 수많은 기기가 동시에 접속할 수 있는 기술인데요. 정말 지금까지의 이동통신 능력을 초월할 정도입니다.

초고속을 자랑하다 보니 영화 한 편을 몇 초 만에 다운로드 받을 수 있습니다. 데이터의 홍수 속에서 살아가고 있는 우리에게 5G 기술은 쿠팡의 로켓 배송과 같은 빠름의 가치를 선물하는 것 같군요.

5G의 초지연성은 긴급을 요구하는 서비스에서 그 진가를 발휘합니다. 예를 들어 자율주행차가 장애물이 나타났을 때 긴급제동신호를 지연 없이 실시간으로 받을 수 있어서 사고에 대한 위험도 크게 줄일 수 있지요.

사물들이 서로 통신하는 사물 인터넷의 시대가 점차 무르익고 있습니다. 스마트 TV, 스마트 냉장고 등 각종 스마트한 기기가 기하급수적으로 늘어나는 가운데, 5G는 수많은 사물 인터넷 기기들이 서로 통신할 수 있도록 초연결성을 지원하는 능력도 가지고 있답니다.

다음은 이동통신의 세대별 속도를 비교해놓은 표입니다. 최고속도가 4G는 75Mbps이고 5G는 1Gbps인데요. 4G보다 5G의 최고속도가 13배나 빠르다니 '초고속'이라는 말이 붙은 이유를 알겠군요.

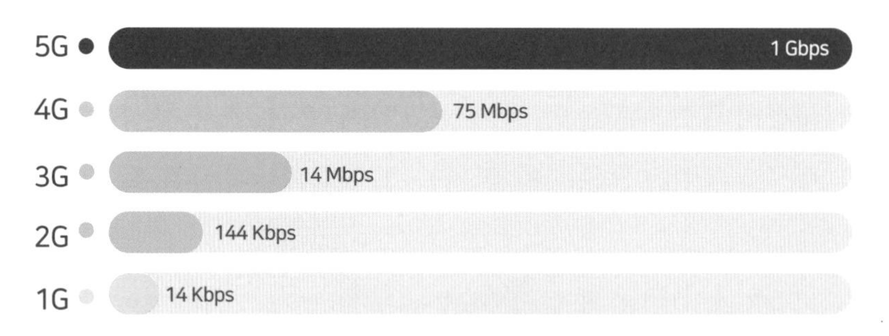

이동통신 세대별 최고속도

39

파란 이, 블루투스

블루투스 덕분에 선 없는 헤드셋으로 스마트폰에 저장된 음악을 들을 수 있고, 블루투스 키보드와 마우스 덕분에 책상에 지저분한 선이 사라지게 되었어요. 그런데 왜 선 없는 키보드에 블루투스란 이름이 붙은 것일까요?

가까운 거리의 IT 기기들이 전선(케이블)을 연결하지 않고 데이터를 주고 받는 기술이 있는데요. 전문가들은 이 기술에 대한 표준을 만들었고, 표준 이름이 바로 블루투스(Bluetooth)예요.

표준이 필요한 이유는 무엇일까요? 외국인이 모여 한 사람은 영어를 사용하고, 다른 사람은 중국어를 사용한다면 둘의 대화는 거의 불가능합니다. 두 사람이 원활한 대화를 하기 위해서는 약속된 대화 방법이 정해져 있어야 하는데 이것이 바로 표준이에요.

무선 통신 기술을 위해 표준을 만든 이유도 마찬가지였어요. 무선 기기가 개발되었던 1990년대 다양한 IT 기기가 개발되었지만, 기기들이 대화하는 방법이 달랐기 때문에 서로 대화할 수 있는 기기들이 많지 않았어요. 이때 스웨덴의 에릭슨 회사는 휴대폰과 주변 장치들이 선 없이 서로 대화할 수 있도록 무선 통신 기술을 연구하기 시작했답니다. 1998년 에릭슨 사가 주축이 되어 노키아, IBM, 인텔 등의 IT 회사들이 특별 관심그룹(SIG: Special Interest Group)을 만들어서 무선 통신 기술 표준을 개발했는데요. 표준 이름이 바로 '블루투스'입니다.

블루투스는 파란색 치아(bluetooth)라는 의미인데요. 표준을 '블루투스'라고 부른 이유가 재미있습니다. 블루투스의 배경은 10세기 헤럴드 곰슨 왕 시대에서 찾아볼 수 있어요. 해럴드 곰슨

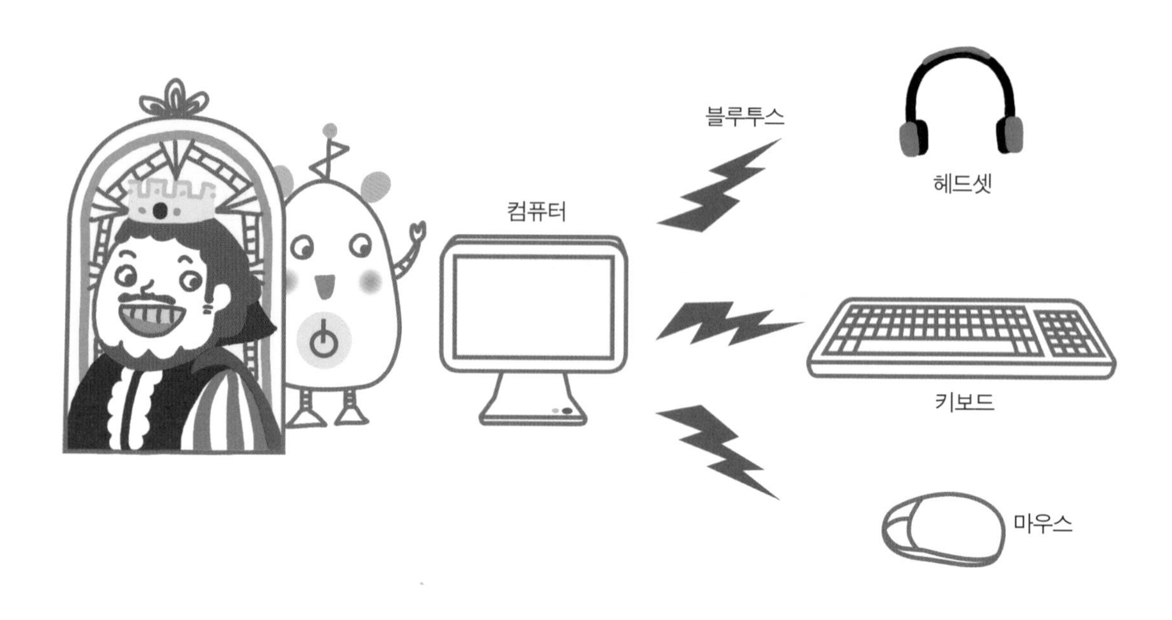

왕은 스칸디나비아 국가인 덴마크와 노르웨이를 통일했던 왕이었어요. 블루베리를 즐겨 먹어 이가 파랗게 얼룩진 그에게 '블루투스'라는 별명이 붙었지요.

표준을 개발한 사람들이 모여 이름을 고민하던 차에 헤럴드 곰슨 왕 이야기를 떠올렸다고 해요. 곰슨 왕이 스칸디나비아 국가를 통일했던 것처럼, 무선 통신 기술에 대한 통일을 이룩한 이 표준에 '블루투스'라고 이름을 붙인 거지요. 블루투스 로고도 헤럴드 블루투스(Harald Bluetooth)에서 앞글자인 H와 B를 스칸디나비아 룬 문자로 표현했어요.

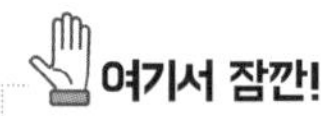

여기서 잠깐!

와이파이와 블루투스의 차이점

둘 다 무선 통신을 위한 기술이에요. 무선 통신 기술이란 선이 없어도 데이터를 주고 받을 수 있는 기술을 말해요. 그렇다면 두 기술의 차이는 무엇일까요? 우선, 블루투스가 와이파이보다는 데이터를 보내고 받는 속도가 느리답니다. 그래서 속도가 중요하지 않은 기기들 간의 통신에 블루투스 기술을 이용하지요. 예를 들어 스마트폰과 헤드셋을 연결할 때 블루투스를 이용해요. 컴퓨터와 키보드를 연결할 때도 블루투스를 이용하지요.

반면, 와이파이는 블루투스보다 속도가 10배 이상 빠르기 때문에 노트북에서 인터넷에 접속하기 위해 와이파이 기술을 사용하고 있어요.

40

가까이 가까이 더 가까이, NFC

NFC(Near Field Communication)는 매우 가까운 거리(near field)에서 스마트폰끼리 대화(communication)하는 기술을 말해요. 어려운 말로 설명하면 '10cm 이내 초근거리 단말기간 데이터 통신 기술'이라고나 할까요?

NFC 기술로 두 대의 스마트폰을 가까이 대어주기만 하면 사진을 보낼 수 있고요. 스마트폰을 버스 단말기에 대어주면 결제가 되는 편리한 기술이지요.

블루투스와 무엇이 다르냐고요? 블루투스 이어폰을 사용하려면 맨 처음에는 스마트폰과 이어폰 간에 '페어링(pairing)'이라는 번거로운 과정을 거쳐야 해요. 페어링이란 이어폰과 스마트폰이 '우리 이제 짝꿍이야'라고 약속하는 거랍니다. 이 과정을 거친 후에야 블루투스 이어폰과 스마트폰이 50m 정도 떨어진 거리에서도 전화통화를 할 수 있어요.

NFC는 블루투스와는 다른 기술이에요. 일단 페이링이 필요

없다는 엄청난 편리함이 있어요. 버스 탈 때 버스요금 단말기와 스마트폰 간의 페이링 과정 없이 스마트폰을 단말기에 가까이 대기만 하면 "청소년입니다"라고 말을 하잖아요. 하지만 NFC는 매우 가까운 거리에 기기가 위치해야 해요. 버스 단말기에 교통카드를 찍을 때의 거리 정도는 되어야 하지요.

이 신문기사는 무슨 말이에요?

41

공식 팬카페 서버 다운!

팬카페가 다운되었다는 기사를 읽어본 적이 있을 거예요. 연예인 스캔들이라도 퍼지기 시작하면 연예인 이름이 포털사이트의 실시간 검색어 1위가 되곤 합니다. 이쯤되면 팬이 아니더라도 호기심에 팬카페에 접속하게 되는데요. 이때부터 팬카페 접속 시간이 평소보다 더 오래 걸리고, 급기야 접속이 불가능한 상황까지 이른답니다.

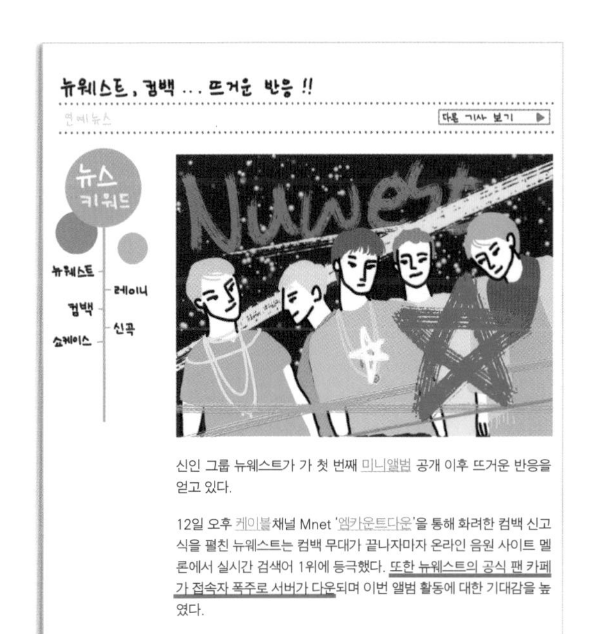
뉴웨스트, 컴백 ... 뜨거운 반응 !!

연예뉴스

다른 기사 보기

신인 그룹 뉴웨스트가 가 첫 번째 미니앨범 공개 이후 뜨거운 반응을 얻고 있다.

12일 오후 케이블채널 Mnet '엠카운트다운'을 통해 화려한 컴백 신고식을 펼친 뉴웨스트는 컴백 무대가 끝나자마자 온라인 음원 사이트 멜론에서 실시간 검색어 1위에 등극했다. 또한 뉴웨스트의 공식 팬 카페가 접속자 폭주로 서버가 다운되며 이번 앨범 활동에 대한 기대감을 높였다.

뜨거운 팬들의 반응은 기사 제목에 "공식 팬카페 서버 다운"이라는 전문 IT 용어까지 등장하게 만들지요. '서버 다운'이라는 말은 화성에서 사용하는 말처럼 생소해 보입니다.

우리는 서버가 다운(down)되는 현상을 종종 경험합니다. 대학교에서 수

강 신청 첫날이면 학사관리시스템이 다운되어 웹사이트 접속이 안 되기도 하고, 추석이나 설 명절 기차표를 예약하기 위해 인터넷 예매 사이트에 접속해보지만, 느린 속도나 서버 다운으로 예약에 실패하는 건 매년 겪는 일이니까요.

이 현상을 이해하기 위해서 '서버'와 '클라이언트'의 관계를 살펴볼 때가 된 것 같습니다.

레스토랑에 가면 테이블마다 담당 웨이터가 서빙을 하는 것처럼, 인터넷 공간에서도 서버가 클라이언트에게 서비스를 제공해줍니다. 서버와 클라이언트는 모두 컴퓨터인데요. 서버는 일을 빨리 많이 처리해야 하기 때문에 능력이 출중한 컴퓨터를 사용하지요. 여기서 서버는 하드웨어 장비이기 때문에 영혼을 불어넣어주는 소프트웨어가 설치되어야 하고요.

> **서버**
> 서버는 하드웨어와 소프트웨어로 구성되어 있어요. IT 업계에서는 서비스를 제공하는 하드웨어와 소프트웨어를 모두 '서버'라고 부르고 있어요. 이 책에서는 하드웨어와 소프트웨어를 구분하기 위해 '서버 컴퓨터', '서버 프로그램'이라는 말을 사용할게요.
> 참고로 소프트웨어를 프로그램, 애플리케이션, 솔루션 등으로 부르고 있어요. 모두 같은 말이에요.

서버 프로그램은 클라이언트의 요청에 대해 서비스를 제공하는 소프트웨어입니다. 예를 들어 다음과 같은 일을 한답니다.

클라이언트 요청이 서버에 도착하면
요청을 차례대로 처리한 다음
처리 결과를 기록하고
클라이언트 프로그램에게 처리 결과를 알려줌

클라이언트(client)는 레스토랑의 손님과 같이 서비스를 요청하는 컴퓨터입니다. 이 컴퓨터에는 클라이언트용 프로그램이 설치되어야 해요. 대표적인 예가 웹브라우저입니다.

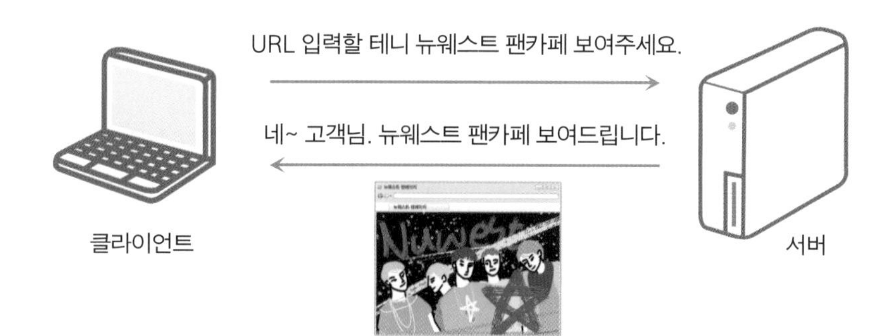

팬카페 접속을 위해 노트북에서 웹브라우저를 사용할 텐데요, 웹브라우저가 '클라이언트 프로그램'이에요. 팬카페에 접속하기 위해 노트북에서 웹브라우저 주소창에 팬카페 주소를 입력하면, 웹브라우저는 "팬카페에 접속하고 싶어요"라는 요청 편지를 서버로 보내줍니다. 여기서 웹브라우저는 레스토랑의 손님과 같은 '클라이언트' 프로그램이에요.

웹브라우저를 이용해 서비스를 제공하기 때문에 종종 '웹서비스'라는 말을 사용하지요. 웹서비스를 제공하는 서버를 '웹서버'라고 불러요.

서버가 클라이언트로 "팬카페에 있는 사진, 공연 일정 등을 보내니 받으세요"라는 응답을 보내면, 노트북의 웹브라우저는 사진, 공연 일정 등이 담긴 웹페이지를 만들어 보여줍니다.

41. 공식 팬카페 서버 다운!

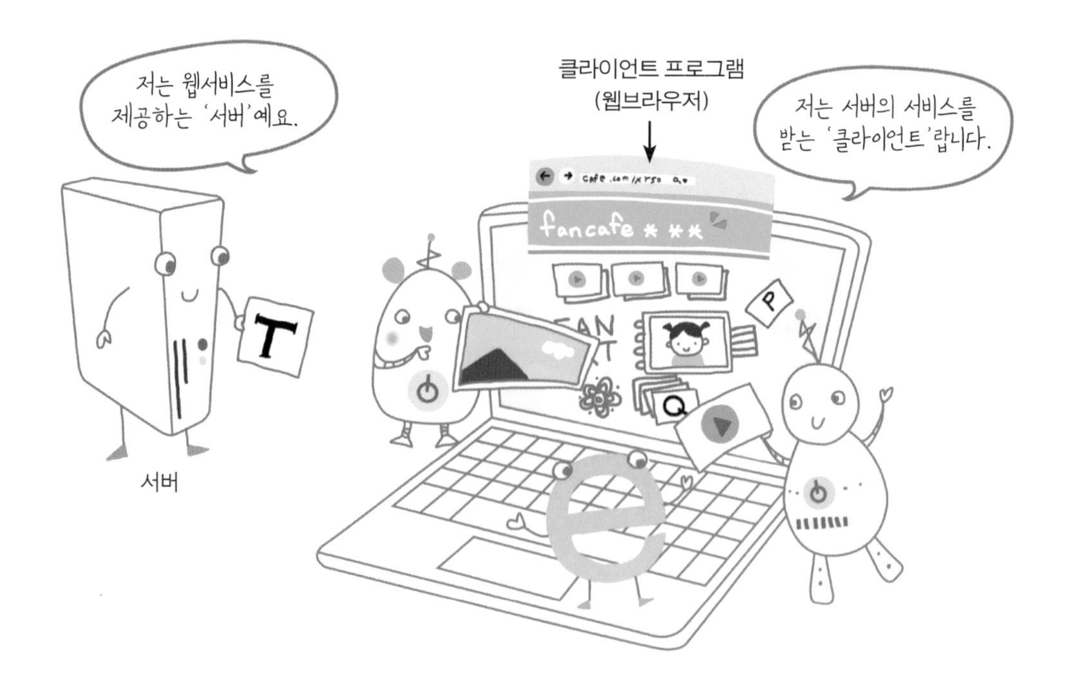

레스토랑에서 웨이터가 주문을 받아 음식을 손님에게 서빙하는 것처럼, 컴퓨터도 마찬가지예요. 네이버에서 '날씨'라는 메뉴를 클릭하면 서버 컴퓨터는 클라이언트가 요청한 날씨 정보를 보여주기 위해 웹페이지에 담길 그림, 글자, 동영상 등을 클라이언트에게 보내주지요. 그림, 글자, 동영상 등이 클라이언트에 도착하면 웹브라우저가 이들을 보여주는 거예요.

레스토랑에서 웨이터가 여러 테이블의 주문을 받아 음식을 서빙해주듯, 한 대의 서버 컴퓨터가 여러 대의 클라이언트 요청을 처리하고 있어요. 레스토랑에서 손님들이 갑자기 몰려들면 웨이터가 뛰어다니며 주문을 받고 음식을 서빙하는 것처럼요. 하지만 손님이 더 많아지면 웨이터는 그만 힘들어 지쳐 쓰러지고 맙니다. 켁!

인터넷 공간도 마찬가지인데요. 팬카페에 접속하는 이용자가 증가하면 서버는 바쁘게 움직이면서 수많은 클라이언트의 요청을 빠른 시간 내에 처리해야 해요. 연예인 스캔들이라도 퍼지면 팬카페를 접속하는 클라이언트가 폭증하게 되고, 수많은 클라이언트의 접속 시도에 그만 서버는 쓰러지고 맙니다. 우리는 이것을 "접속자 폭주로 서버가 다운(down)되었다"라고 말합니다. 서버가 다운되었다는 것은 서버 컴퓨터에 설치된 소프트웨어의 동작이 멈춘 것을 의미해요. 전문가 세계에서는 "서버가 죽었어"라고 말하기도 한답니다.

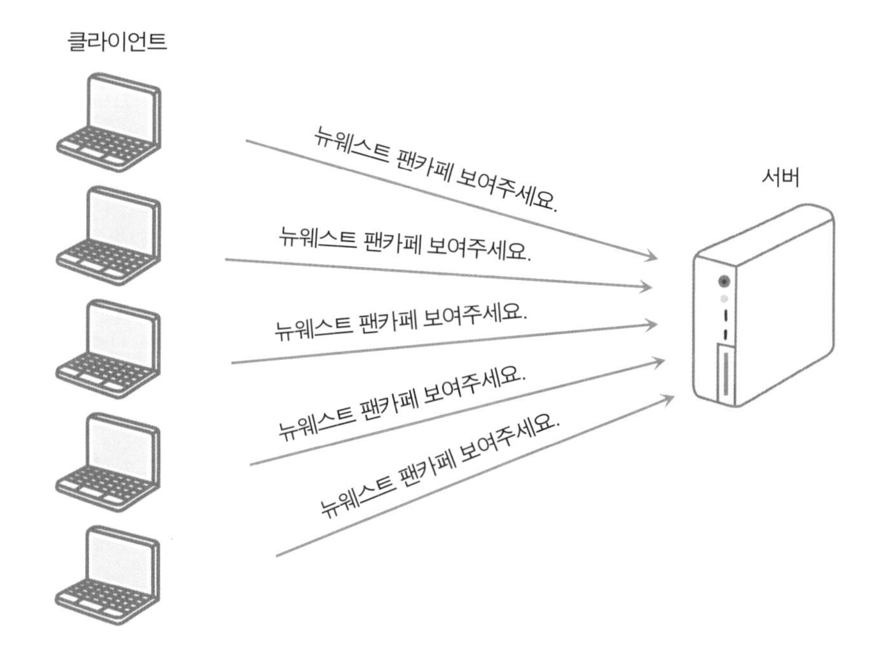

41. 공식 팬카페 서버 다운!

42

전자 상거래의 신분증, 공인인증서

중요한 계약을 할 때는 신분증과 인감이 필요해요. 인감 도장을 사용할 때는 인감증명서도 함께 준비해야 하는데요. 인감 증명서란 인감 도장이 진짜라는 것을 증명해주는 문서예요. 인감증명서와 인감을 비교해서 문양이 같으면 인감이 진짜이지만, 다르다면 가짜라고 판단하지요.

요즘에는 인감 도장 없이 신분증과 서명(Sign)만으로 집 계약과 같은 중요한 계약을 할 수 있어요. 신분증은 내가 누구인지를 증명하기 위해 사용하고, 서명은 도장과 같이 약속을 표시하기 위해 사용하지요.

그런데 인터넷 뱅킹을 통해 계좌 이체를 할 때는 어떻게 신분을 확인할까요? 인터넷 뱅킹을 사용할 때는 신분증을 보여줄 수도 없고 서명을 할 수도 없잖아요. 그래서 인터넷에서는 공인인증서를 사용합니다. 공인인증서는 신분증과 같은 역할을 하는 파일인데요. 공인인증서로 로그인을 하면 “제가 바로 진짜 홍길동이에요"라고 신분을 증명해줄 수 있어요.

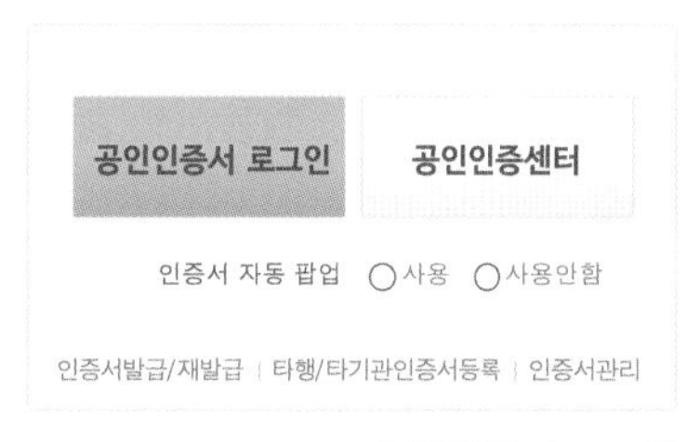

공인인증서 로그인

그런데 누군가가 홍길동의 이름으로 공인인증서를 만들면 어떡하죠? 남들이 내 이름으로 신분증을 불법으로 만들 수도 있잖아요. 공인인증서에서 '공인'이라는 말이 괜히 붙은 게 아니거든요. '공인'이란 국가가 인정해준다는 말이에요. 즉 신분증이나 다름없는 공인인증서는 국가가 인정해준 경우에만 인터넷에서 신분증처럼 사용할 수 있어요.

공인인증서에는 서명이 포함되어 있는데, 이를 '전자 서명'이라고 불러요. 전자 서명은 일반 서명과 같이 약속을 표시해주는 역할을 해요. 그래서 인터넷 뱅킹에서 공인인증서를 이용해 계좌 이체를 해놓고 "전 돈을 보낸 적이 없는데요"라고 시치미를 떼고 오리발을 내밀어도 소용없어요. 공인인증서에는 개인의 신분 정보뿐만 아니라 약속의 표시인 서명 기능이 있기 때문이에요.

이렇게 공인인증서는 사용자의 신원 확인, 전자 서명 등을 다른 사람이 믿을 수 있게 해주는 일종의 인감 증명서 역할을 하는 매우 중요한 파일이에요. 그러므로 공인인증서를 아무나 발급하면 안 되겠죠. 그래서 정부가 지정한 공인인증기관에서만 인증서를 발급할 수 있어요. 인증기관은 금융결제원(yessign), 코스콤(signkorea), 한국정보인증(signgate) 등이 있어요.

서명을 영어로 하면 'sign'인데요. 공인인증기관의 회사 이름인 yessign, signkorea, signgate에 sign이라는 단어가 많이 등장하는 것도 서명과 관계가 있어요.

다음 그림이 바로 공인인증기관에서 발급된 공인인증서예요. 발급자가 SignKorea이고 유효기간이 1년 정도 되네요.

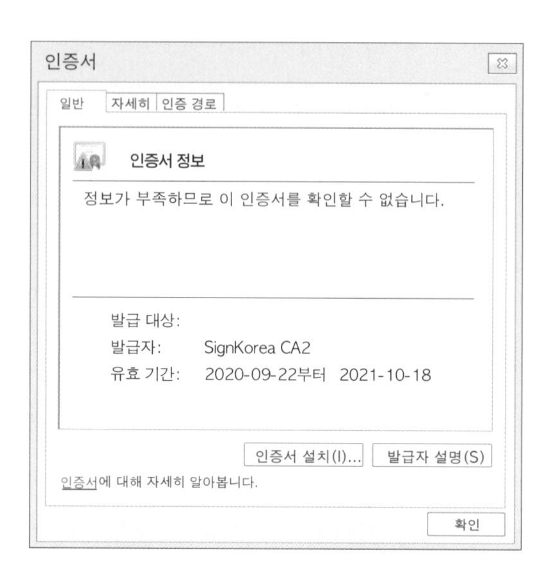

우리나라의 공인인증서는 인감이나 서명을 대신하기 위해 1999년 처음 도입되었는데요. 그동안 은행의 인터넷 뱅킹, 공공기관의 사용자 인증 등 다양한 서비스 분야에서 활용되며 인감이나 서명의 역할을 톡톡히 수행해왔습니다. 하지만 공인인증서가 액티브 X에 최적화된 기술이다 보니 인터넷 익스플로러 사용을 강요당하는 부작용도 있었고, 2014년 한국 드라마를 좋아하는 해외팬들이 공인인증서와 액티브 X 때문에 국내 온라인 쇼핑몰에서 '천송이 코트'를 살 수 없다는 사실에 불편을 호소하며 논

란이 된 적도 있습니다. 그렇게 여러 가지 문제 사례가 도마 위에 오르며 공인인증서는 찬밥신세가 되었습니다.

이런 공인인증서가 2020년 5월 20일 전자서명법이 개정되면서 역사의 뒤안길로 사라지게 되었습니다. 그렇다고 공인인증서를 아예 못 쓰는 것은 아닙니다. 공인인증서에서 '공인'이라는 자격이 없어진 것일 뿐 다양한 인증방식의 하나로 여전히 존재하는 것이죠. 즉 지금까지 사용자 인증을 위해 공인인증서 사용이 필수였다면, 이제는 선택사항으로 바뀌게 된 것입니다.

최근 인증 기술의 발전으로 지문, 홍채 등을 활용한 생체인증, 블록체인과 같은 신기술을 이용한 인증 등이 소개되고 있는데요. 소비자 관점에서는 공인인증서뿐만 아니라 다양한 인증방식을 사용할 수 있어 선택의 폭이 넓어졌고, 특정 웹브라우저의 사용을 강요받지 않게 되었으니 일거양득의 효과를 누릴 수 있게 되었답니다.

43

암호화와 복호화

데이터 암호화는 다른 사람이 나의 비밀 정보를 보더라도 이해할 수 없게 만드는 과정을 말해요. 인터넷 쇼핑몰을 이용하거나 인터넷 뱅킹을 하려면 주민번호, 비밀번호 등의 개인정보를 입력해야 할 때가 있어요. 이런 정보들이 거미줄과 같은 네트워크를 거쳐 서버로 배달(전송)됩니다. 인터넷은 수천만 명의 사람들이 함께 이용하는 네트워크이기 때문에 배달 과정에서 다른 사람들이 내 데이터를 훔쳐볼 수 있는 염려가 생기게 됩니다. 그래서 보안이 중요한 데이터는 암호화해서 보내야 해요. 데이터를 암호화하면 누군가 데이터를 훔쳐보더라도 내용을 알 수 없거든요.

> **네트워크**
> Story 5에서 네트워크를 정보화 고속도로로 설명했었는데요. 고속도로가 많은 차들이 함께 이용하는 도로인 것처럼, 네트워크는 데이터들의 도로가 되는 거예요.

데이터 암호화는 오래전부터 시작되었어요. 고대 그리스 시대, 전쟁 중에 전투 계획을 적군에게 들키지 않고 우리 군에 전달하기 위해 데이터를 암호화하여 전문을 보냈다고 해요. 반면, 적군은 우리 군의 전투 계획을 빼내기 위해 암호문을 풀기 위한 시도가 있었는데요. 깨지지 않는 암호문을 만들려는 노력과 암호문을 깨려는 노력 덕분에 현재의 암호화 기술이 발전하게 된 거예요.

암호화 시초는 '치환'이라는 방법으로 시작되었어요. 치환이란 '바꾸어놓음'이라는 뜻인데요. 글자의 순서를 바꾸어 다른 사람들이 이해하기 어렵게 만드는 방법이에요. 다음 그림과 같이 A를 D로 바꾸고, B를 E로 바꾸는 방법이에요.

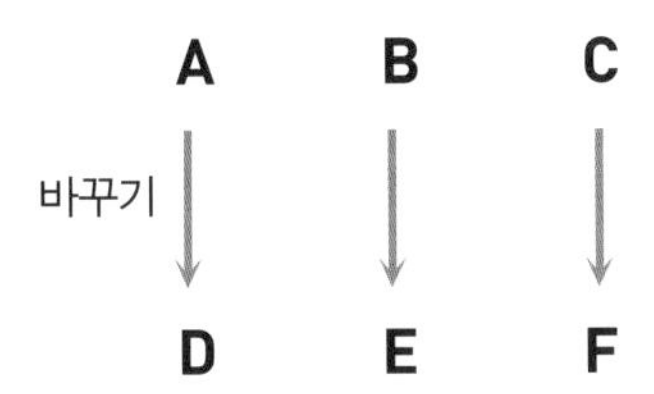

이 방법으로 Let's meet at two의 평범한 문장을 암호화하면 Ohwvphhwdwwzr로 바꿀 수 있어요. Ohwvphhwdwwzr로 편지를 보내면 무슨 말인지 모르겠죠? 그래서 이 편지를 받는 사람한테는 암호문을 풀 수 있는 열쇠(key)를 알려줘야 해요.

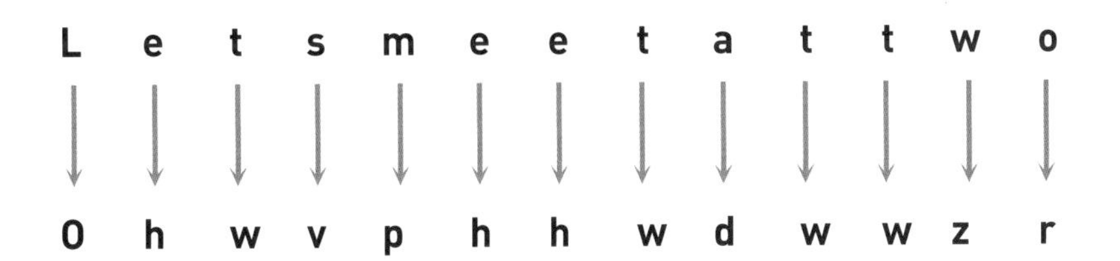

이 방법은 줄리어스 시저(Julius Caesar)가 만들었다고 해서 '시저 암호법'이라고 부른답니다.

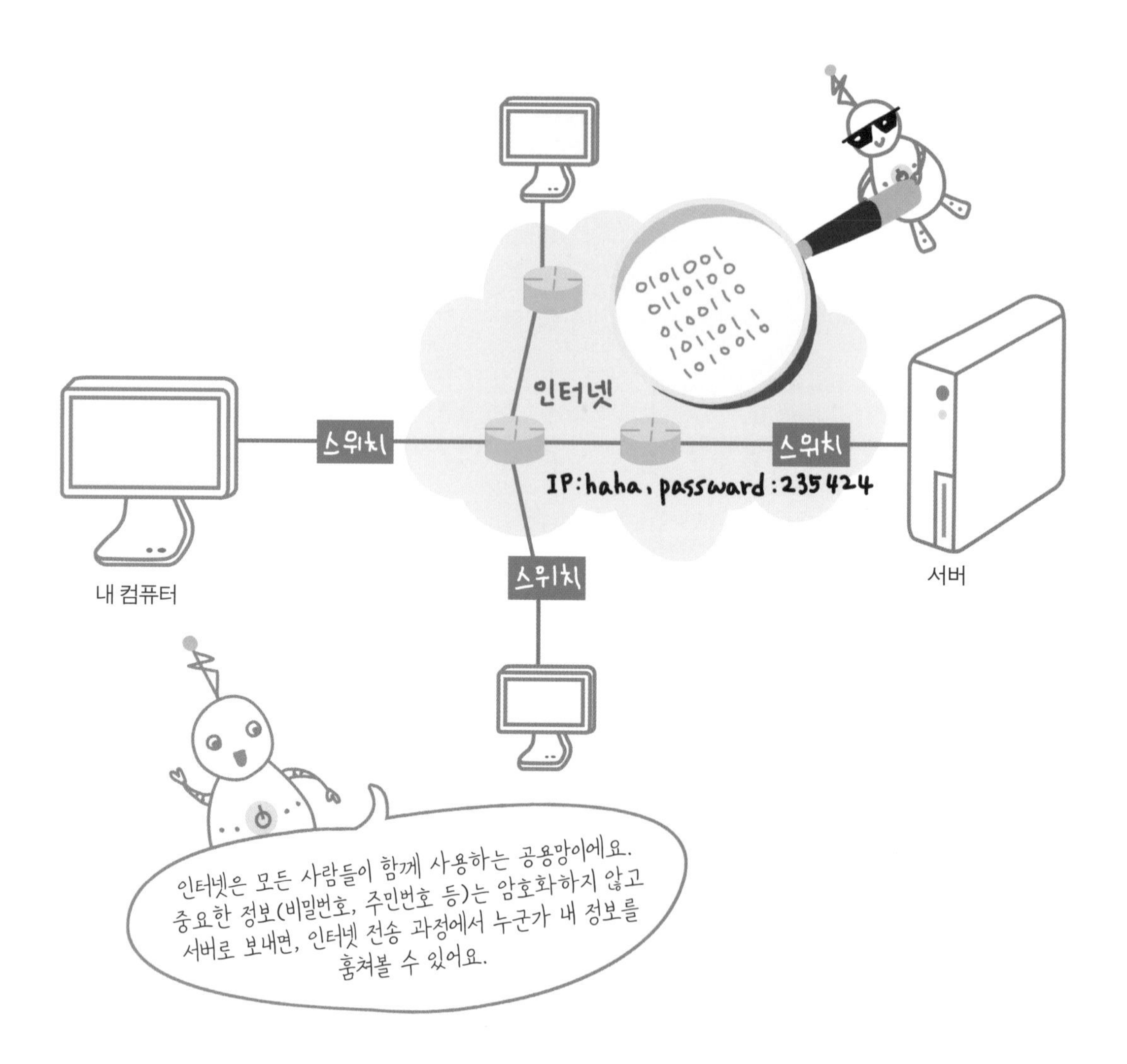

인터넷
스위치
스위치
스위치
IP:haha, password:235424
내 컴퓨터
서버
인터넷은 모든 사람들이 함께 사용하는 공용망이에요. 중요한 정보(비밀번호, 주민번호 등)는 암호화하지 않고 서버로 보내면, 인터넷 전송 과정에서 누군가 내 정보를 훔쳐볼 수 있어요.

Let's meet at two와 같은 문장을 '평문(plain text)'이라고 하고, Ohwvphhwdwwzr과 같은 문장을 '암호문'이라고 불러요. 다시 암호문을 평문으로 바꾸는 과정을 '복호화'라고 하지요.

복호화를 위한 열쇠는 암호화할 때와 동일해요. 치환을 반대로 하면 암호문을 평문으로 바꿀 수 있거든요.

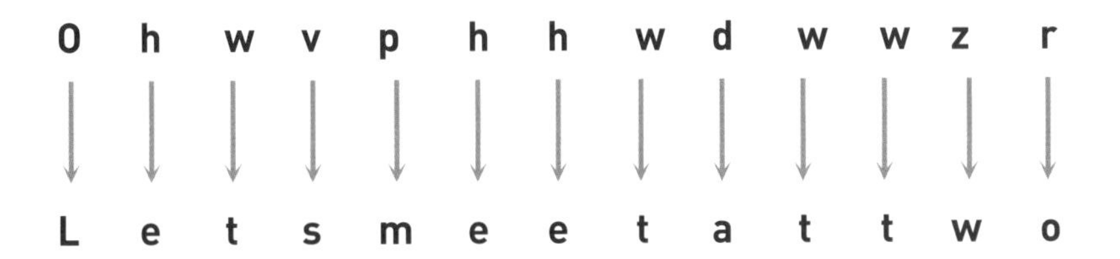

초창기의 암호화는 치환과 같이 글자의 순서를 바꾸는 정도였지만, 현대 암호화 기술은 정말 복잡하고 정교해졌어요.

문을 잠글 때 열쇠를 사용하고, 열 때도 열쇠를 사용하는 것처럼 암호화와 복호화를 위해 열쇠(key)를 사용해요. 개인키, 비밀키, 공개키 등과 같은 단어를 인터넷에서 접할 수 있는데, 이것이 암호화나 복호화를 할 때 사용하는 열쇠를 의미한답니다.

제2차 세계대전이 더욱 확대되면서 1915년 유명한 발명품이 탄생합니다. 바로 수수께끼라는 뜻을 가진 '에니그마(Enigma)' 기계인데요. 평문을 암호문으로 바꿔주는 암호 기계인 에니그마를 사용해 당시에는 누구도 깰 수 없는 암호문을 만들었다고 합니다. 에니그마 기계는 키보드와 흡사하게 생겼어요. 키보드로 문자를 입력하면 암호

1930년대 사용되었던 에니그마1

에니그마를 사용하는 군인

문자가 램프에 표시되었지요.

영화 〈U-571〉에서 에니그마의 존재를 엿볼 수 있어요. 제2차 세계대전 중 독일군과 연합군과의 해양전을 소재로 한 영화인데요. 연합군이 독일 해군의 무선 암호를 해독하지 못해 독일군의 잠수함 공격에 속수무책으로 당하고 맙니다. 연합군은 독일군의 암호해독기 '에니그마'를 훔치기 위해 독일군 수리병으로 위장하여 잠입을 시도합니다. 수많은 병사들의 희생으로 에니그마 탈취에 성공하면서 연합군은 해양전에서의 열세를 뒤집을 수 있게 되었다는 이야기예요.

컴퓨터를 괴롭히는 벌레

사람을 귀찮게 하고 병을 옮기는 벌레(bug), 두통과 설사 등을 유발하는 감기 바이러스, 꿈틀꿈틀 움직이는 애벌레(worm). 우리 몸에 해가 되는 벌레의 이름이 컴퓨터에도 그대로 사용되고 있는데요. 이번 스토리에서는 컴퓨터를 괴롭히는 벌레 이야기를 하려고 합니다.

44

버그(bug)의 유래

컴퓨터 프로그램이 갑자기 멈추거나 기능이 실행되지 않으면, 프로그램에 오류가 있어서 그런 것인데요. 이때 전문가들은 "프로그램에 버그(bug)가 있다"라는 말을 해요. 버그(bug)는 벌레를 의미합니다. 그렇다면 프로그램 기능 오류와 버그는 어떤 관계가 있는 것일까요?

'버그'란 프로그램 오류를 발생시키는 코드를 의미해요. 소프트웨어를 만들기 위해 코딩을 하다 보면 오류가 발생하는 코드가 들어갈 수도 있어요. 이런 코드 때문에 프로그램이 다운(down) 되거나 제대로 동작하지 않는 거예요.

코드

코드는 01010과 같은 명령어를 말하고, 코딩은 명령어를 작성하는 과정을 말해요. Story 7을 참고하세요.

다운

프로그램이 아무런 반응이 없을 때 다운되었다는 표현을 사용해요.

소프트웨어를 개발하는 개발자들의 세계에서는 오류를 발생시키는 코드를 '버그'라고 부릅니다. 귀에 벌레가 들어오면 아프고 잘 안 들리는 것처럼, 벌레는 프로그램을 아프게 하는 존재예요.

버그는 모기와 나방 같은 벌레를 말하는데, 왜 잘못된 코드를 '버그'라고 하는 것일까요?

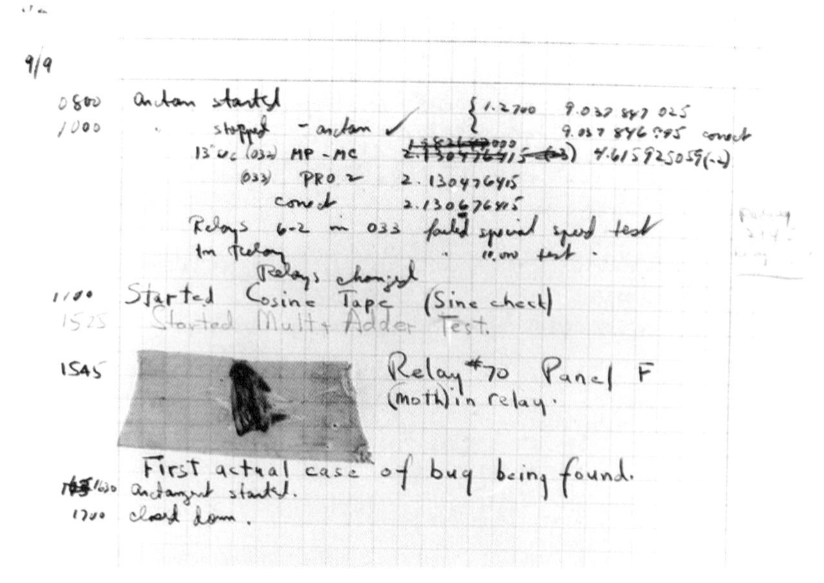

나방으로 인해 컴퓨터가 고장났다는 내용이 기록된 문서

버그의 어원은 1880년대로 거슬러 올라갑니다. 컴퓨터 기계 장치에 나방이 날아들어가 컴퓨터를 멈추게 한 사건이 있었는데요. 이 사건이 일종의 역사로 기록되어 초기 컴퓨터 산업 전체에 전파되었다고 해요. 이때부터 컴퓨터를 멈추게 만든 오류나 결함을 '버그'라고 부르기 시작했답니다.

45

컴퓨터를 아프게 만드는 바이러스

버그는 오류를 발생하는 코드를 의미합니다. 고의는 아니지만, 개발자들이 실수로 잘못된 코드를 작성할 때 혹은 중요한 코드가 빠져 있을 때 버그가 생기게 됩니다. 하지만 악의적인 의도로 프로그램에 코드를 추가하는 경우도 있는데요. 이를 '악성 코드'라고 불러요. '성질이 악하다' 하여 악성 코드라는 이름이 붙었지요.

대부분의 프로그램은 컴퓨터 사용이 편리하도록 좋은 의도로 만들어지는데요. 악성 코드는 사람들을 귀찮고 괴롭히기 위해 만들어집니다.

감기의 증상에 따라 목감기, 폐렴, 장염 등으로 구분할 수 있는데요. 악성 코드도 감염 경로, 증상 등에 따라 바이러스, 웜, 스파이웨어 등으로 구분하고 있어요.

바이러스

바이러스(virus)는 감기 바이러스처럼 혼자서는 살지 못하고, 프로그램에 기생하여 실행되는 악성 코드예요. USB, 이메일 등을 통해서 감염되고, 전염성까지 있어 다른 파일에도 감염시키지요.

웜

애벌레나 기생충과 같이 행동하는 악성 코드를 '웜(worm)'이라고 분류하고 있어요. 웜은 다른 프로그램을 감염시키지 않고 자신 자신을 복제하면서 개체 수를 증가시켜요. 웜이 네트워크에 가득차게 되면 인터넷 속도를 느리게 하는 심각한 문제를 일으키죠.

트로이 목마

컴퓨터에서도 트로이 목마처럼 행동하는 악성 코드가 있어요. 양의 탈을 쓴 늑대처럼 영화, 음악 등을 무료로 다운받게 하지만

파일 안에는 각종 악성 코드가 포함되어 컴퓨터를 감염시키는 녀석인데요. 이런 악성 코드를 '트로이 목마'라고 부르고 있어요.

여기서 잠깐!

트로이 목마 이야기

트로이 목마는 그리스와 트로이의 전쟁 중에 그리스 군이 만든 목마예요. 그리스는 트로이와의 10여 년간의 전쟁에도 트로이 성을 함락시키지 못하게 되자 목마를 만들어 성 안에 잠입을 시도합니다.

그리스 군은 트로이 군을 속이기 위해 전쟁에서 후퇴한 것처럼 목마를 버리고 도망가는 연기를 합니다. 그리스 군이 도망가는 모습을 본 트로이 군은 성 안으로 목마를 들여놓는 실수를 범하게 되는데요. 목마 안에 그리스 군이 잠입한 사실도 모르고 말이에요. 목마에 잠입한 그리스 군은 잠들어 있는 트로이 군을 기습 공격하면서 전쟁에서 승리하게 된다는 이야기입니다.

스파이웨어

영화를 보다 보면 국가 기밀을 빼가는 스파이가 종종 등장합니다. 스파이웨어(spyware)는 스파이처럼 행동하는 악성 코드인데요. 내 컴퓨터에 몰래 설치되어 주민번호, 신용카드 정보 등의 개인정보를 훔치는 코드이지요. 스파이웨어는 인터넷에서 계좌이체나 신용카드 결제 시 키보드로 타이핑되는 개인정보를 몰래 훔쳐갑니다. 그래서 개인정보를 다루는 웹사이트에 접속하면 키보드 해킹으로 개인정보가 유출되는 것을 막아주는 보안 프로그램이 자동 실행된답니다.

46

백신 주사, 안티바이러스

아이가 태어나면 예방 접종을 정기적으로 맞아야 해요. 예방 접종이란 일본뇌염, 독감 등을 예방하기 위해 약한 병원균을 몸속에 주입하는 것을 말하는데요. 약한 병원균을 '백신(vaccine)'이라고 부르지요. 이 백신이 우리 몸에 들어오면 면역체계가 형성되어 나중에 실제 병에 걸리더라도 우리 몸이 병을 이겨낼 수 있도록 해주지요.

컴퓨터를 사용하다 보면 '백신'이라는 말을 종종 들을 수 있어요. 바이러스, 웜 등과 같은 악성 코드를 잡을 수 있도록 면역체계를 만들어주는 프로그램을 '백신' 혹은 '안티바이러스(antivirus)'라고 부르고 있어요.

컴퓨터는 사람처럼 바이러스에 대해 면역체계를 스스로 만들 수 있는 능력이 없답니다. 컴퓨터에 면역체계를 심어주기 위해서는 '백신 프로그램'을 설치해야 해요.

백신 프로그램에는 이미 세상에 알려진 악성 코드를 잡아낼

수 있는 패턴 정보가 저장되어 있어요. 패턴 정보는 바이러스의 행동 패턴을 의미하는데 일종의 면역 정보이지요. 백신 프로그램은 특정 행동 양상을 보이는 프로그램이나 파일이 발견되면 바이러스로 판단해 치료해줍니다. 악성 코드 치료를 위해 의심이 되는 파일을 삭제해주고요.

바이러스는 매일매일 생겨나기 때문에, 신문기사에 "신종 바이러스 주의보"라는 기사가 종종 등장합니다. 신종 바이러스가 등장하면 백신 프로그램 개발회사는 신종 바이러스를 분석하고, 바이러스를 잡을 수 있도록 내 컴퓨터에 패턴 정보를 업데이트해줍니다.

독감 예방 접종을 했더라도 신종 독감이 등장하면 추가 접종

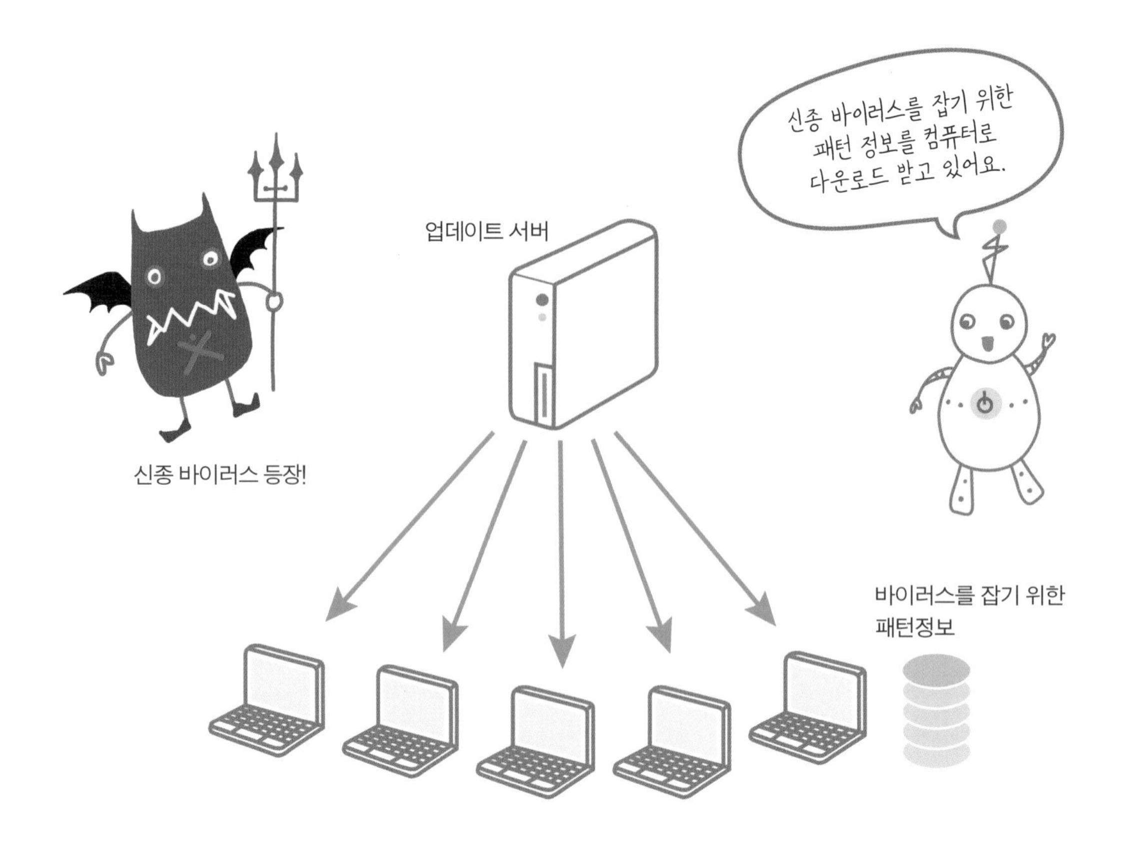

을 해야 하는 것처럼, 백신 개발회사에는 바이러스에 대한 패턴 정보를 추가하기 위해 주기적인 업데이트를 하고 있어요. 이를 '악성 코드 패턴 업데이트'라고 해요.

백신 프로그램을 사용하다 보면 '엔진 업데이트'라는 표현을 접할 수 있어요. '엔진'이라는 용어는 자동차의 엔진과 같이 프로그램의 핵심 기능을 표현하기 위해 사용되고 있어요. 그래서 백신 프로그램의 핵심 내용을 업데이트 하는 기능을 '엔진 업데이트'라고 부르기도 합니다.

개발회사에서 만든 패턴 정보를 어떻게 내 컴퓨터로 내려받을 수 있을까요? 그림을 보면 이해가 쉬울 텐데요. 서버는 내 컴퓨터의 백신 프로그램에 업데이트 신호를 보냅니다. 이때 내 컴퓨터에는 "패턴 정보가 추가되었습니다. 패턴 정보를 업데이트할까요?"라는 내용의 팝업창이 나타납니다. "예, 패턴 정보를 업데이트 해주세요"라는 의미로 'OK' 버튼을 클릭하면 서버는 내 컴퓨터로 패턴 정보를 보내줍니다.

컴퓨터 바이러스는 USB 메모리를 통해 감염되기도 하고, 인터넷에서 불법 파일 다운로드를 통해서 감염되기도 해요. 그래서 신뢰할 수 없는 프로그램이나 파일 다운로드를 가급적 피해야 하는 것이죠. 백신 프로그램이 항상 악성 코드를 감시할 수 있도록 '실시간 감시 기능'을 실행해야 하고요. 백신 프로그램을 항상 업데이트 하고, 주기적으로 바이러스를 점검하는 것도 필요하답니다.

실시간 감시가 동작하도록 설정된 화면의 모습

사이버
공격의 시대

47

사이버 공격, 해킹

2013년 6월 25일 정부기관, 언론사 등 69개 기관을 대상으로 사이버 공격이 발생했던 적이 있어요. 정부기관 홈페이지에는 누군가를 찬양하는 내용들로 채워져 있었어요.

6월 25일 해킹이 발생한 지 일주일 만에 지방언론사, 민간기업 등 홈페이지를 대상으로 다시 사이버 공격이 발생했는데요. "Hacked by High Anonymous"라는 내용과 흉물스러운 그림으로 홈페이지가 바뀌었답니다.

'사이버 공격'은 인터넷을 통해 타인의 컴퓨터에 불법으로 접속하여 상대방에게 손해를 입히는 행동을 말해요. 즉 인터넷 상에서의 공격을 말하지요.

사이버 공격

사이버 공격을 '해킹', 공격자를 '해커(hacker)'라고 부르고 있어요.

사이버 공격 때문에 '해커'라고 하면 범죄인의 이미지가 떠오릅니다. 하지만 '해커'의 원래 의미는 범죄인의 이미지가 아니었답니다. '해커'라는 단어는 1960년대부터 시작되었는데요. 지적 호기심이 가득해 컴퓨터에 능숙한 사람을 지칭했어요. 컴퓨터에

대한 호기심이 가득해서 컴퓨터 내부를 깊이 있게 연구하고, 다른 사람들이 생각하지 못했던 새로운 것을 구상하는 사람들을 해커라고 불렀답니다. 이들은 컴퓨터 산업의 선구자 역할을 했고, 복잡한 운영체제를 만드는 그런 사람들이었죠. 하지만 범죄자들이 자신들을 해커라고 소개하면서 해커의 의미가 변질되었습니다. 이런 이유 때문이었을까요? 해커와 범죄자를 구분하기 위해 사이버 범죄자를 '크래커(cracker)'라고 부르고, 좋은 의도를 가진 보안 전문가를 '화이트 해커(white hacker)'라고 부르고 있어요.

48

디도스 공격

디도스(DDoS) 공격에 대해 신문기사를 본 적이 한 번쯤 있을 거예요. 디도스 공격은 전산망을 마비시켜 인터넷 서비스를 중단시키는 위협적인 공격입니다. 일반인들도 공격자에 가담될 수 있어 주의와 관심을 가질 필요가 있어요.

디도스 공격을 설명하기 앞서, 도스(DoS) 공격을 먼저 설명해야 할 것 같아요. 도스(DoS)란 'Denial of Service'의 약자로 '서비스 거부'라는 뜻이에요. 즉 해커의 공격으로 서버의 인터넷 서비스를 중단하게 만드는 공격이라서 서비스 거부라는 이름이 붙은 거예요.

디도스 공격을 살펴보기 전에 인터넷에서의 서버와 클라이언트 관계를 다시 한 번 이야기해야 할 것 같네요. 옥션, 11번가 등과 같은 인터넷 쇼핑몰에는 하루에도 수천, 수만 명 이상의 사람들이 접속해 물건을 구입하고 있어요. 쇼핑몰이 운영되는 컴퓨터를 '서버'라고 부르고 있고, 수많은 사람들이 컴퓨터로 인터넷 쇼핑몰에 접속해 물건을 구입하지요. 이 컴퓨터가 바로 '클라이언트'입니다. 서버와 클라이언트는 거미줄 같은 네트워크로 서로 연결되어 있어요.

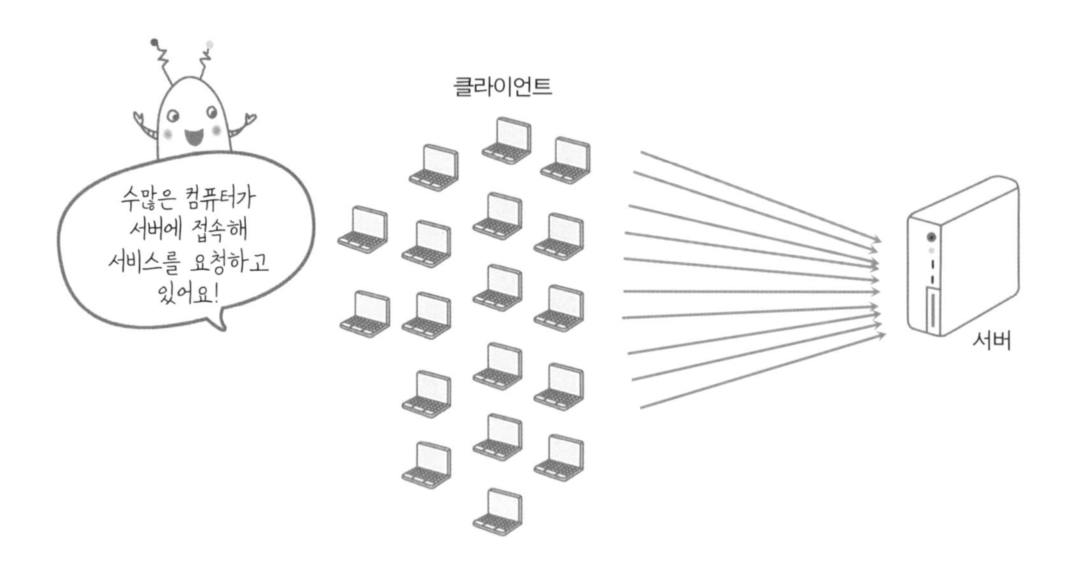

레스토랑의 예를 이용해 도스(DoS) 공격을 설명해볼게요. 레스토랑에 손님이 많지 않으면 주문한 음식이 빨리 나옵니다. 하지만 손님이 많아지기 시작하면 음식이 나오는 시간도 길어지고, 이때부터 테이블에 앉지 못하는 대기 손님이 생기기 시작합니다. 손님들이 대기 의자에서 1시간 이상 기다려야 한다면 레스토랑 주인은 손님들을 조심스럽게 집으로 돌려보내기도 하고요.

인터넷 상에서 서버와 클라이언트 관계도 레스토랑의 상황과 비슷합니다. 인터넷 쇼핑몰을 이용하는 사람이 많지 않으면, 장바구니에 물건을 담을 때나 상품을 검색하는 속도가 빠른 편이지만, 쇼핑몰에 접속하는 사용자가 많아지게 되면, 서버가 해야 하는 일이 많아지기 때문에 속도가 느려지기 시작합니다. 이때부터 쇼핑몰 접속 시간이 오래 걸리고 상품을 검색하면 한참 후에야 결과가 나오게 되지요. 이 상황에서 클라이언트의 요청이 더 많아지게 되면 서버가 일할 수 있는 범위를 초과하게 되고, 일부 요청은 처리하지 못하게 됩니다. 상황이 더욱 악화되면 서버가 다운되어 쇼핑몰에 접속하지 못하는 최악의 상황이 발생하게 되는데요. 즉 "사용자 폭주로 서비스가 일시적으로 중단되었습니다" 라는 메시지가 바로 이런 상황이에요. 그래서 소프트웨어를 개발하는 회사에서는 인터넷 쇼핑몰이 중단되지 않도록 능력 출중한 성능 좋은 서버 컴퓨터를 여러 대 가동하고 있어요.

바쁜 상황에서 레스토랑에 악질 손님이 등장했다고 생각해보세요. 레스토랑에서 테이블에 앉아 메뉴만 30분 동안 고르고 질문만 하다가 식사를 하지 않고 집으로 돌아가는 손님이 있다면 어떻게 될까요? 담당 서버는 악질 손님에게 대응하느라 바쁜 시간을 낭비하게 되지요. 악질 손님이 더 많아지게 되면, 정작 식사를 원하는 손님에게는 서비스를 제공하지 못하는 상황이 발생하게 됩니다.

인터넷에서도 악질 손님과 같은 불청객이 있는데요. 우리는 이런 손님을 '해커(hacker)'라고 부릅니다. 해커는 서버에게 불필요한 요청을 보내서 서버가 엉뚱한 일을 처리하는 데 시간과 자원을 낭비하게 만들어요. 서버가 불필요한 일을 처리하느라 시간

컴퓨터 자원은 CPU, 메모리, 하드디스크와 같은 장치를 말해요.

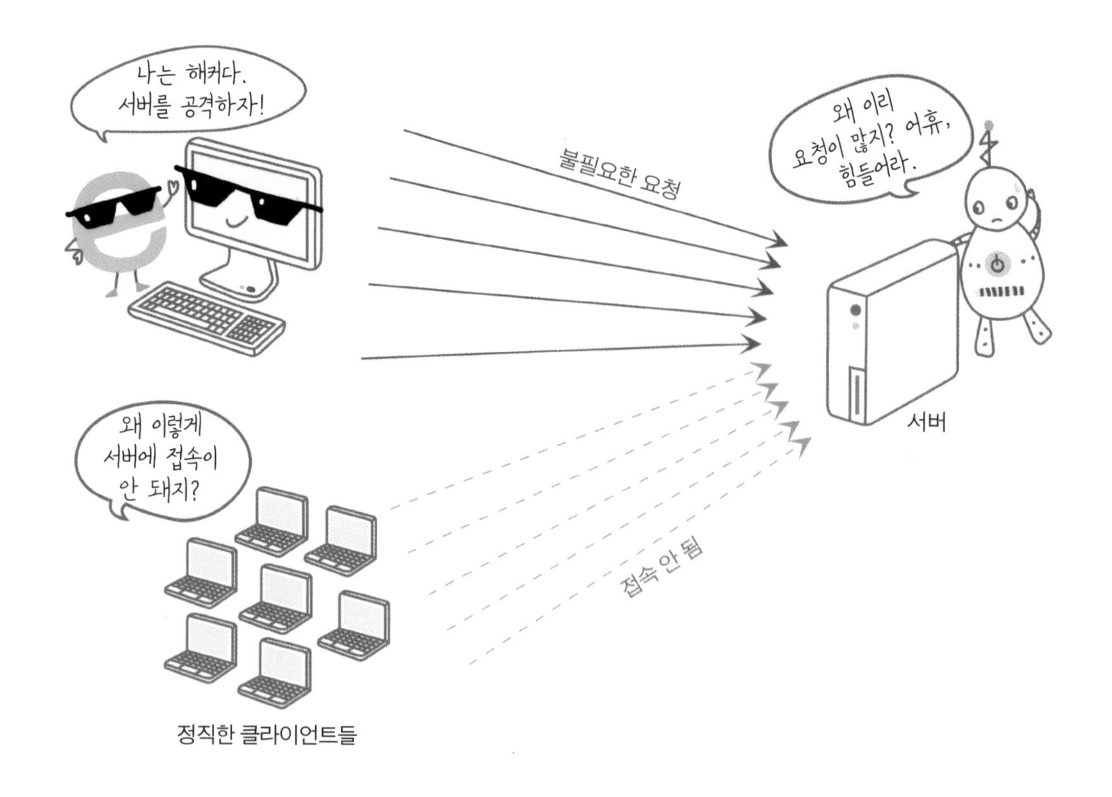

과 자원을 사용하다 보니 정작 클라이언트의 요청을 처리하지 못하게 된답니다. 이렇게 불필요한 요청으로 서버의 서비스가 중단되도록 만드는 공격을 '서비스 거부 공격' 혹은 도스(DOS) 공격이라고 불러요.

초기의 도스(DOS) 공격은 컴퓨터 1~2대를 이용한 공격이었는데요. DOS 공격이 일반인까지 가담된 공격으로 진화되었어요. 이 공격이 바로 신문기사에서 종종 접하게 되는 디도스(DDOS) 공격이에요. DDoS란 'Distributed DoS'라는 의미로, 분산된 여러 컴퓨터가 불필요한 서비스를 요청해 서버의 서비스를 마비시키는 공격을 말해요. 여기저기 떨어져 있는 컴퓨터가

공격에 가담되기 때문에 distributed라는 용어가 사용되었어요.

그렇다면, 일반인들의 컴퓨터가 어떻게 공격에 활용된 것일까요? 해커들은 일반인들의 컴퓨터에 악성 코드를 설치한 후 멀리 떨어진 곳에서 컴퓨터를 조종해요. 이렇게 조종당하는 컴퓨터를 '좀비 PC'라고 하는데요. 헐리우드 영화에서 좀비는 영혼 없이 사람들을 공격하는 서양 귀신으로 묘사되곤 하지요. 디도스 공격에서도 수많은 컴퓨터들이 사용자의 의지에 상관없이 해커에 의해 조종당하기 때문에 '좀비 PC'라고 부르는 거예요.

악성 코드 감염은 보통 신뢰할 수 없는 사이트에서 음악, 영화 등의 파일을 다운로드 받거나 악성 코드가 감염된 USB를 사용하면서 이루어지지요. 이때부터는 자기도 모르게 해커에게 조정당

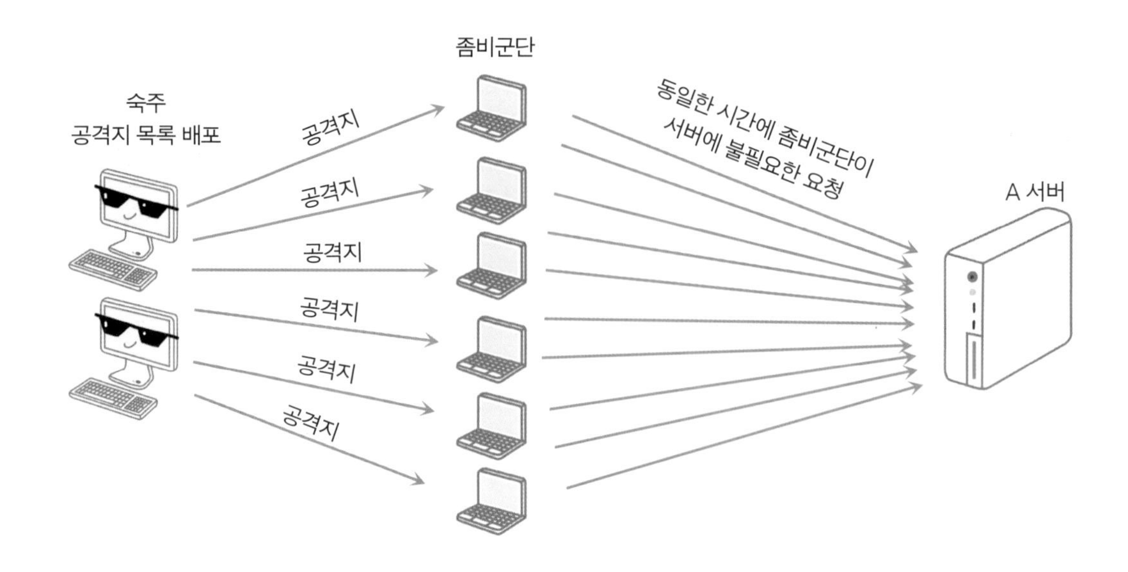

하는 좀비 PC가 될 수 있어요.

좀비 PC가 되면 그때부터 숙주라는 컴퓨터에 의해 조종을 당하게 됩니다. 해커는 '숙주' 컴퓨터를 이용해 또 다른 악성 코드를 좀비 PC에 배포하고, 사이버 공격을 위해 좀비 PC들을 조종합니다. 숙주는 좀비 PC에게 "2013년 10월 10일에 A 서버에게 불필요한 요청 메시지를 보내라"라고 명령을 내리면 좀비 PC는 그 시각에 서버로 불필요한 요청 메시지를 보내는데요. 수많은 컴퓨터가 동시에 서버에 요청 메시지를 보내기 때문에 서버로 가는 길목의 네트워크 장비에는 요청 메시지들로 가득차게 됩니다. 서버

홈 〉 뉴스 〉 **인터넷**

디시인사이드, 디도스 공격 받아

2013.04.18 / PM 01:38 디시인사이드, 디도스

커뮤니티 사이트 디시인사이드가 대규모 디도스(DDoS·분산서비스 거부) 공격을 받은 것으로 나타났다.

18일 오후 1시 반 현재 디시인사이드는 메인 페이지의 접속은 이뤄지고 있으나 갤러리는 간헐적으로 접속이 지연되는 서비스 장애를 겪고 있다.

갑작스러운 갤러리 접속 장애에 원인을 찾아보려는 누리꾼들로 오전 한때 네이버, 다음 등 포털사이트 검색어에 '디시인사이드 갤러리'가 오르기도 했다.

컴퓨터도 요청 메시지를 처리하느라 CPU, 메모리 등의 자원을 낭비하게 되고요. 결국, 서버 컴퓨터는 불필요한 요청을 처리하느라 바빠 진짜 클라이언트가 요청해도 처리하지 못하는 '서비스 거부' 현상이 나타나기 시작하지요.

49

피싱, 파밍과 스미싱

인터넷을 이용한 신종 금융사기가 극성이고 피싱, 파밍 등 금융사기 수법이 너무나 지능적이라 전문가가 아닌 우리도 공부가 필요한 때입니다.

피싱, 파밍, 스미싱 등의 여러 금융사기가 있는데요. 이들 금융사기는 모두 인터넷을 이용한 금융사기이지만 사람들을 속이기 위한 방법이 각각 다르답니다.

피싱

'피싱(phishing)'이란 private data와 fishing의 합성어로 개인정보를 낚시질한다는 의미를 가집니다. 물고기가 낚시줄 미끼에 속아 낚시꾼에게 잡히듯 피싱도 마찬가지로 사람들이 가짜 홈페이지에 속아 개인정보가 털리는 공격이지요. 개인정보는 이메일, 전화번호, 주민번호, 비밀번호 등을 말해요.

피싱의 수법은 이렇습니다. 해커가 은행 웹사이트와 정말 똑

개인정보를 낚아볼까?
haha@gogo.com
이메일 주소
비밀번호
전화번호
주민번호

같이 생긴 가짜 사이트를 만들고, 사람들을 가짜 웹사이트로 유도하기 위해 이메일이나 문자메시지를 보냅니다.

개인정보보호법

해커가 어떻게 다른 사람들의 핸드폰 번호를 알고 있을까요? IT강국인 한국에서는 부끄러운 이야기이지만 개인정보가 제대로 관리되지 않았던 시기가 있었어요. 개인정보가 인터넷에서도 떠돌아다니기도 하고 포털사이트, 금융기관 등에서도 개인정보가 유출된 적이 여러 차례 있었죠. 그래서 개인정보보호법이 2013년 8월 6일에 만들어졌답니다. 이 법이 제정된 후 인터넷 웹사이트에 최소한의 개인정보만 입력하도록 변경되었어요. 병원, 은행 등에 가면 개인정보보호법 때문에 서명을 받기 시작했는데요. 그 이유는 고객의 주민등록번호를 사용하려면 반드시 동의를 받아야 하거든요. 이제는 개인정보가 유출되면 사회적인 비난뿐만 아니라 법적 처벌을 받을 수 있어요.

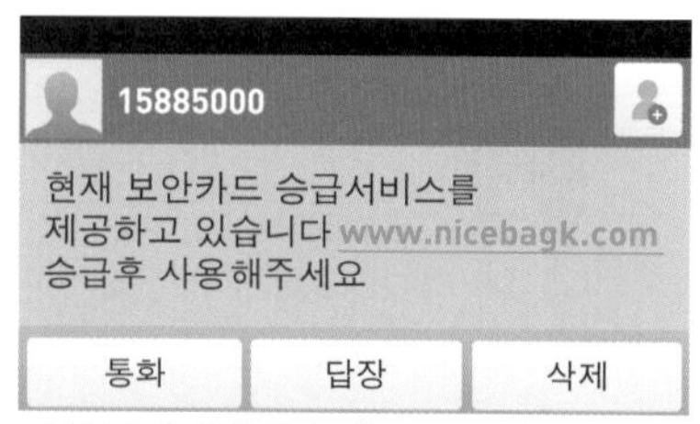

피싱 문자메시지의 예

* 이 표는 인터넷뱅킹, 텔레뱅킹 서비스에 동일하게 사용합니다. | 01 | NO. 01008322

1	10 97	2	24 70	3	10 97	4	39 18	5	06 68
6	82 76	7	97 10	8	82 76	9	87 33	02	75 03
11	03 16	12	10 00	13	90 16	14	93 05	15	04 75
16	27 74	17	64 72	18	27 74	19	87 73	20	28 79
21	00 01	22	85 35	23	00 01	24	84 65	25	27 21
26	29 70	27	33 82	28	29 70	29	24 14	30	83 17

* 이 카드가 타인에게 노출되지 않도록 주의하시고, 분실하시면 즉시 신고 바랍니다.
* 고객상담전화 : 지역번호 없이 1588-1599

보안카드

"현재 보안카드 승급 서비스를 제공하고 있습니다. 웹사이트 방문 후 사용해주세요"라는 그럴싸한 문자메시지를 무작위로 사람들에게 보내지요.

문자메시지에 속은 사람들은 가짜 웹사이트에 접속하고 맙니다. 가짜 웹사이트의 첫 화면을 진짜 웹사이트와 똑같이 만들어놓았기 때문에 진짜와 가짜를 분간하기 어려울 정도예요. 가짜 웹사이트의 주소는 www.nicebagk.com으로 진짜 웹사이트 주소(www.nicebank.com)와 단 한 글자만 틀리

니 주의 깊게 보지 않으면 전문가라도 속아 넘어갈 수 있어요.

이렇게 사용자에게 가짜 웹사이트로 접속하게 한 후 보안카드의 번호를 입력하도록 유도합니다. 보안카드에는 266쪽 그림과 같이 30가지의 숫자가 적혀 있는데요. 인터넷 금융 거래를 할 때는 매우 중요한 번호예요.

인터넷에서 계좌이체를 할 때 여러 단계의 확인 과정을 거치고 있어요. 정말 본인이 계좌 이체를 요청하는지 확인하는 거예요. 돈을 거래하는 중요한 일이기 때문에 이중 삼중의 보안장치를 해놓는 것이지요.

공인인증서와 보안카드 번호가 바로 이런 보안 장치예요. 공인인증서는 '내가 바로 홍길동입니다'라고 신분증 역할을 해주고, '50만 원 계좌이체를 해주세요'라는 요청을 위해 전자서명으

공인인증서

공인인증서는 Story10에 자세히 설명하고 있어요.

로 약속을 표시해줍니다. 즉 개인의 신분 확인과 약속을 표시해 줄 때 사용하는 것이 공인인증서이지요.

인터넷에서 계좌이체를 할 때 공인인증서로 로그인한 후 보안카드 번호를 입력하는데요. 보안카드는 정말, 진짜 홍길동이 맞는지를 확인하는 번호예요.

(인터넷뱅킹 웹사이트) 누구세요?

(홍길동) 전 홍길동인데요.

(인터넷뱅킹 웹사이트) 그걸 어떻게 믿을 수 있겠이요? 신분증 보여주세요.

(홍길동) 공인인증서로 로그인했는데요. 그래도 못 믿나요?

(인터넷뱅킹 웹사이트) 그건 믿을 수 있지요.

(홍길동) 홍길순에게 50만 원 보내주세요.

(인터넷뱅킹 웹사이트) 말로만 해서는 돈을 보낼 수 없어요.

(홍길동) 그럼 어떻게 할까요?

(인터넷뱅킹 웹사이트) 전자서명을 해야지요!

(홍길동) 오키~ 휘리릭! 전자서명을 했으니 돈 보내주세요.

(인터넷뱅킹 웹사이트) 당신이 홍길동인 줄 알겠지만 혹시 모르니 한 번 더 확인할게요. 보안카드 번호를 알려주세요.

(홍길동) 10, 76입니다.

(인터넷뱅킹 웹사이트) 아하, 정말 홍길동 님이 맞으시군요. 계좌이체를 완료했습니다.

보안카드 번호를 확인해서 정말 홍길동 본인이 계좌이체를 요청했는지 판단하는 거예요. 보안카드는 자기만 가지고 있어야 하는 비밀번호예요. 이 번호는 은행 컴퓨터에도 저장되지 않을뿐더러 은행 직원이 고객에게 요구하지도 않아요. 만약 웹사이트에서 보안카드 번호를 전체 혹은 2자리 이상을 입력하도록 요구한다면 금융사기를 의심해야 한답니다.

국민은행 홈페이지에 방문하면 다음과 같이 "보안카드 암호 전체 입력을 요구하지 않습니다"라는 공지사항이 있으니 무심코 지나가지 마시고 꼭 읽어보셔야 해요.

우리은행에서도, 농협에서도 보안카드 번호를 입력하지 말라고 홈페이지에 공지하고 있지요. 왜냐고요? 보안카드의 전체 번호가 유출되면 금융사기를 당할 위험이 매우 높아지기 때문이에요.

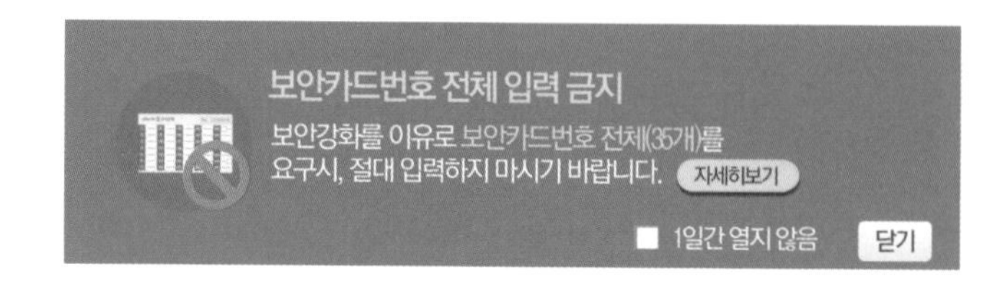

정말 교묘하고 악질의 신종 금융사기 때문에 금융기관도 몸살을 알고 있지요. 그래서 금융기관 홈페이지에 주의사항을 공지하고 있는 거예요. "신종 전자금융사기 주의 안내"라는 제목의 글을 보면 금융정보(계좌비밀번호, 보안카드 번호 등)를 절대로 입력하지 말라는 경고문이 적혀 있어요. 그리고 보안카드 대신 OTP(One Time Password) 사용을 권장하고 있지요.

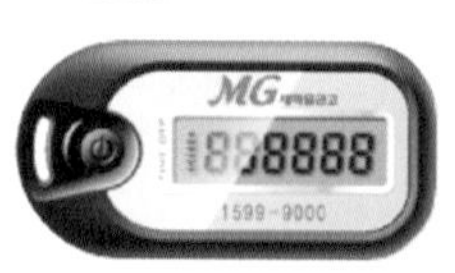

OTP
(One Time Password)

바야흐로 금융 사기 수법을 모르면 낚일 수 있는 피싱의 시대입니다. 신종 금융사기에 속지 않기 위해서는 공부하고 의심해야 하지요. 금융사기에 당하지 않으려면 첫째, 메일, 문자메시지 등을 통해 안내되는 웹사이트 링크를 신중하게 살펴보고 확인한 후 웹사이트를 방문해야 해요. 둘째, 개인정보, 금융정보 등을 입력해야 하는 화면이 있다면 일단 의심을 해봐야 하고요. 셋째, 보안카드 대신 OTP를 사용하세요.

은행에서는 안전한 금융거래를 위해 보안카드 대신 OTP 사용을 권장하고 있어요. OTP는 1회용 비밀번호 생성기예요. OTP에서 만들어주는 6자리 비밀번호는 재사용이 안 되기 때문에 비밀번호가 유출되더라도 금융사고의 위험을 줄일 수 있어요.

파밍

파밍(Pharming)이란 농사(farming)와 피싱(phishing)을 이용해 만들어진 단어예요. 개인정보를 낚시질하기 위해 한차원 지능화된 수법이 동원됩니다. 피싱 공격은 웹사이트 주소를 정확히 알고 조심하면 피해갈 수 있지만, 파밍은 이런 것조차 통하지 않는 수법이에요.

우리가 웹브라우저 주소창에 www.nicebank.com이라고 입력하면 내 컴퓨터는 도메인 네임 서버에게 물어봅니다. "도메인 네임 서버님! www.nicebank.com의 IP 주소를 알려주세요"라고요. 내 컴퓨터가 도메인 네임 서버로부터 IP 주소를 받으면, 이 IP 주소로 웹사이트에 접속합니다.

해커는 도메인 네임 서버의 IP 주소를 가짜 웹사이트의 IP 주소로 변경해놓습니다. 이렇게 되면 수많은 컴퓨터가 잘못된 IP 주소를 가지고 가짜 웹사이트에 접속하게 되지요. 그래서 주소줄에 www.nicebank.com라고 주소를 정확히 입력하더라도 진짜 웹사이트로 이동하지 않고 도메인 네임 서버가 알려주는 가짜 웹

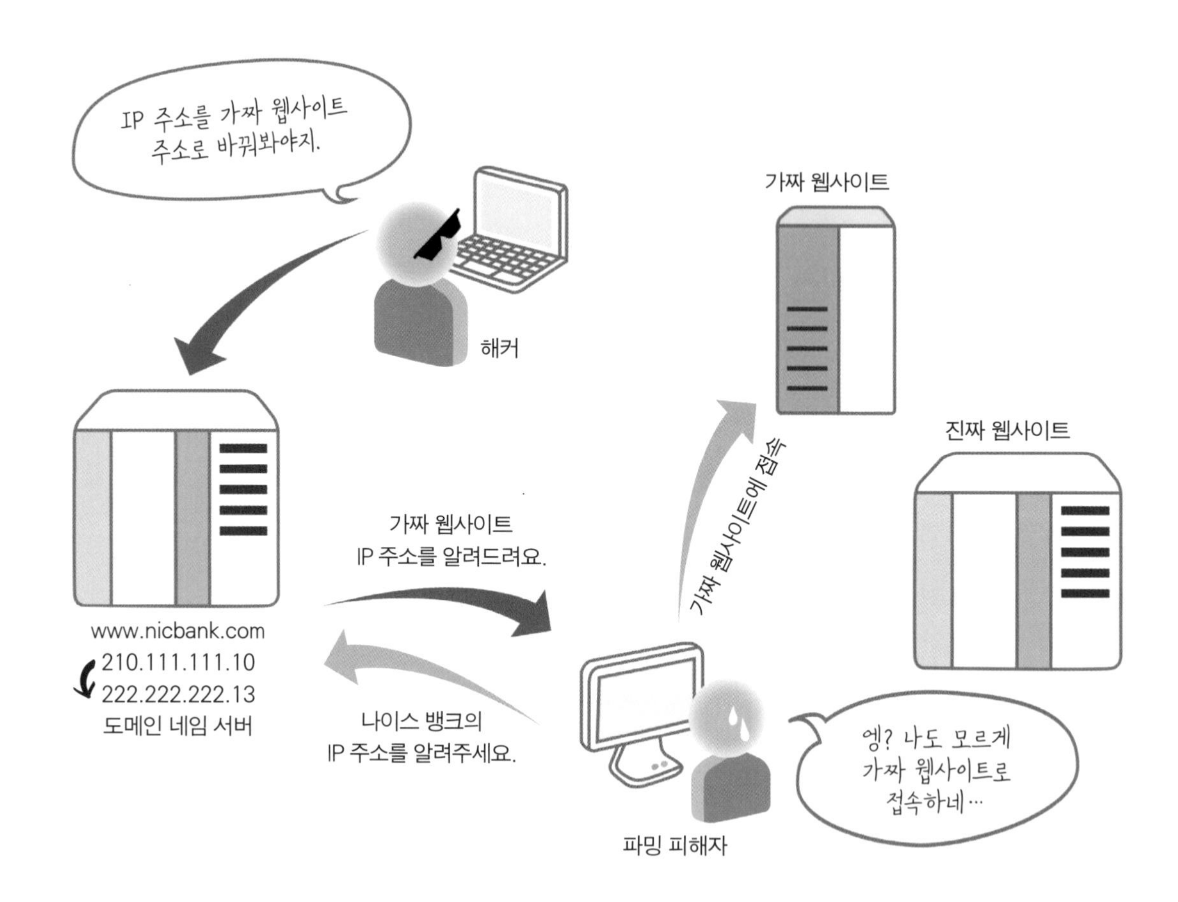
IP 주소를 가짜 웹사이트
주소로 바꿔봐야지.
해커
가짜 웹사이트
진짜 웹사이트
www.nicbank.com
210.111.111.10
222.222.222.13
도메인 네임 서버
가짜 웹사이트
IP 주소를 알려드려요.
나이스 뱅크의
IP 주소를 알려주세요.
가짜 웹사이트에 접속
엉? 나도 모르게
가짜 웹사이트로
접속하네…
파밍 피해자

사이트로 이동하게 만드는 수법이지요. 도메인 네임 서버에 수많은 컴퓨터가 IP 주소를 물어보기 때문에 이 서버의 IP 주소가 잘못되었다면 많은 컴퓨터가 금융사기 위험에 처하게 될 수 있어요.

파밍의 또 다른 수법이 있어요. 내 컴퓨터의 호스트 파일을 변경해 가짜 웹사이트에 접속하게 만드는 방법이지요. 인터넷 주소창에 www.nicebank.com이라고 입력하면 컴퓨터는 IP 주소를 알기 위해 내 컴퓨터의 호스트 파일을 먼저 확인해요. 호스트 파일에 IP 주소가 없으면 그제야 도메인 네임 서버에게 물어보지요.

내 컴퓨터의 호스트파일을 열어보면 다음과 같이 IP 주소와 도메인 주소를 설정할 수 있어요.

hosts 파일에서 맨 아래 줄에 IP 주소와 도메인 주소를 추가하

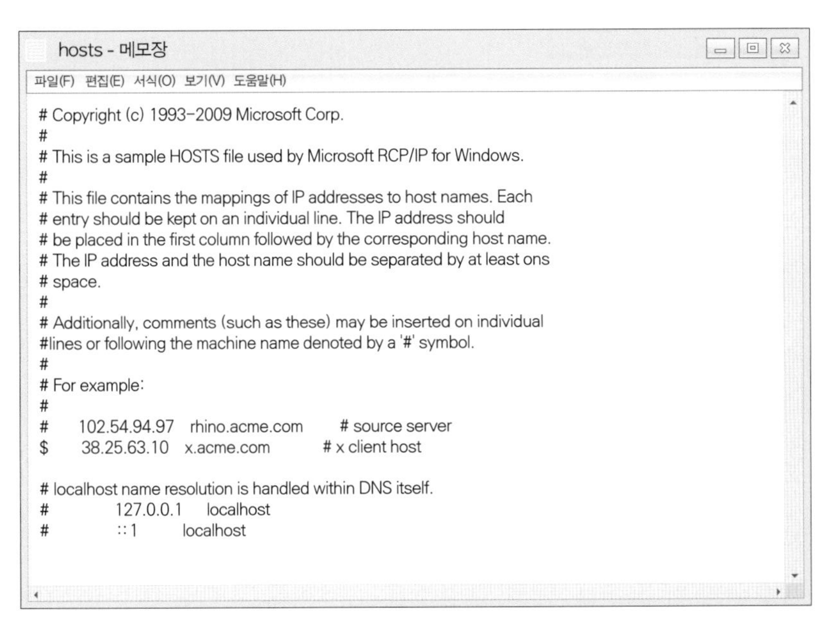
hosts - 메모장

파일(F) 편집(E) 서식(O) 보기(V) 도움말(H)

```
# Copyright (c) 1993-2009 Microsoft Corp.
#
# This is a sample HOSTS file used by Microsoft RCP/IP for Windows.
#
# This file contains the mappings of IP addresses to host names. Each
# entry should be kept on an individual line. The IP address should
# be placed in the first column followed by the corresponding host name.
# The IP address and the host name should be separated by at least ons
# space.
#
# Additionally, comments (such as these) may be inserted on individual
#lines or following the machine name denoted by a '#' symbol.
#
# For example:
#
#     102.54.94.97   rhino.acme.com       # source server
$      38.25.63.10   x.acme.com           # x client host

# localhost name resolution is handled within DNS itself.
#          127.0.0.1     localhost
#          ::1           localhost
```

C:\Windows\System32\Drivers\etc\hosts

면, 내 컴퓨터는 도메인 네임 서버에 물어보지 않고 hosts파일에 기록되어 있는 IP 주소(222.222.222.22)로 서버를 찾아갑니다.

내 컴퓨터에 있는 호스트 파일은 악성 코드에 의해 변경될 수

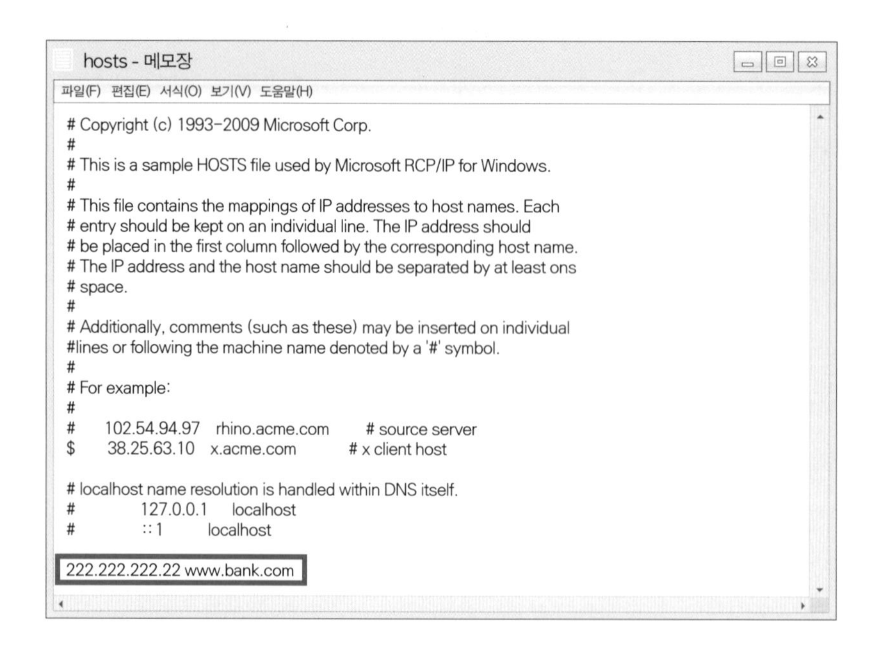

```
hosts - 메모장
파일(F) 편집(E) 서식(O) 보기(V) 도움말(H)

# Copyright (c) 1993-2009 Microsoft Corp.
#
# This is a sample HOSTS file used by Microsoft RCP/IP for Windows.
#
# This file contains the mappings of IP addresses to host names. Each
# entry should be kept on an individual line. The IP address should
# be placed in the first column followed by the corresponding host name.
# The IP address and the host name should be separated by at least ons
# space.
#
# Additionally, comments (such as these) may be inserted on individual
#lines or following the machine name denoted by a '#' symbol.
#
# For example:
#
#      102.54.94.97     rhino.acme.com          # source server
$       38.25.63.10     x.acme.com              # x client host

# localhost name resolution is handled within DNS itself.
#           127.0.0.1       localhost
#           ::1             localhost

222.222.222.22 www.bank.com
```

있어요. 사용자가 정확하게 도메인 주소(www.bank.com)를 입력한다 하더라도 변조된 IP 주소 때문에 나도 모르는 사이에 해커가 만든 가짜 웹사이트로 접속해버리는 무시무시한 수법이에요. 피싱이든 파밍이든 어떤 수법에도 속아 넘어가지 않기 위해서는 절대 남에게 비밀정보를 알려주면 안 됩니다. 금융기관에서는 보안카드번호 전체, 공인인증서 비밀번호, 계좌 비밀번호 등을 요구하지 않으니 은행 직원을 사칭해 금융정보를 요구한다면 거절해야 해요. 이러한 비밀정보를 입력하도록 하는 웹사이트가

있다면 반드시 의심의 눈길로 바라봐야겠지요. 불법 파일 다운로드, 스팸 메일 읽기, 신뢰할 수 없는 웹사이트 접속 등을 통해 악성 코드가 설치될 수 있으니 이 점도 주의해야 합니다.

포털사이트에 접속하기 위해 주소창에 주소를 입력하면 자동으로 http://가 주소 앞에 추가되는데요. 신용카드, 은행 등의 웹사이트의 주소를 입력하면 자동으로 https://가 붙는답니다.

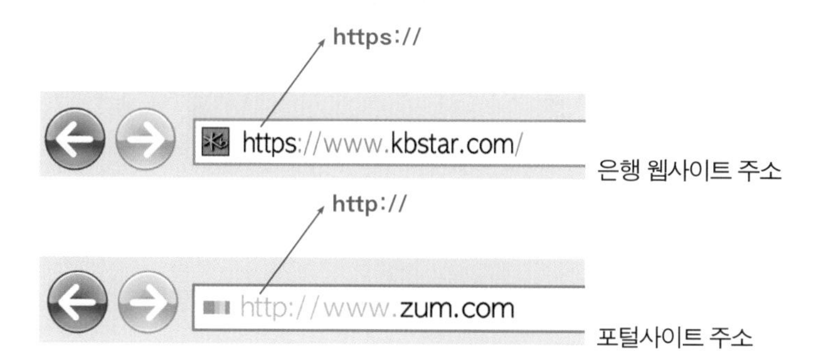

웹사이트 주소가 http가 아니라 https로 시작하면 데이터가 암호화된다는 의미예요. 클라이언트가 웹사이트에 접속해 로그인을 할 때 ID, 비밀번호 등과 같은 로그인 정보가 거미줄 같은 네트워크를 거쳐 서버에 도착합니다. 이 과정에서 로그인 정보가 해커에 의해 유출될 위험이 있어요. 전화통화를 하면 도청을 당할 수도 있듯이 말이에요. 그래서 중요한 데이터가 오고 가는 웹사이트에서는 데이터를 암호화하고 있어요. 은행, 신용카드 등의 웹사이트에서 데이터가 암호화되는지 알려면 URL이 https로 시작하는지 보면 됩니다.

웹브라우저를 이용할 때 클라이언트와 서버가 서로 대화를 나누는데요. 서로 약속한 방법과 규칙을 프로토콜(protocol)이라고 말한답니다. http와 https가 바로 프로토콜을 의미해요.

예를 들어 삼성카드 홈페이지의 주소창을 보세요. 웹사이트 주소가 https로 시작합니다. 그리고 팝업창 내용을 보니 VeriSign이 웹사이트를 검증했고, 웹사이트의 주체(회사)는 삼성카드라는 정보를 확인할 수 있어요. 즉 믿을 수 있는 웹사이트인 것이죠.

돌잔치 사칭 스미싱 주의보

스미싱(SMishing)은 문자메시지(SMS)와 피싱(phishing)의 합성어로 스마트폰 문자메시지를 이용한 피싱 수법을 말해요. 스미싱 수법은 '돌잔치 초대장'과 같은 문자메시지에 링크가 포함되어 있어요. 사용자가 링크를 클릭하면 스마트폰에 사용자의 동의 없이 악성 코드가 설치되고, 스마트폰에 저장된 연락처로 동일한 문자메시지가 전송되는 황당한 일들이 발생합니다. 더 나아가 개인정보, 금융정보 등을 빼내 소액결제에 활용합니다. 악성 코드로 훔친 개인정보를 위해 게임, 포털 등에서 유료 아이템을 구입한 사례가 있으니 방심하면 안 되는 녀석이에요.

스미싱 대처를 위해서는 문자메시지에서 신뢰할 수 없는 링크를 실행하면 절대 안 됩니다. 소액결제가 처리되지 않도록 이동통신사에 요청하는 것도 방법이지요. 또한 스마트폰의 백신을 설치하고 꾸준히 업데이트하는 것도 중요하답니다.

도판 출처